高等院校信息技术规划教材

基于MATLAB的信号与系统实验指导

甘俊英 胡异丁 编著

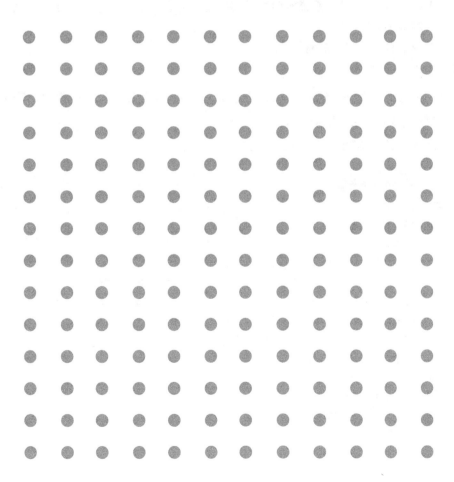

清华大学出版社
北京

内 容 简 介

本书是高等院校理工科关于信号与系统课程计算机仿真的实验教材。

全书共分为 15 章。第 1 章简要介绍了 MATLAB 的入门知识;第 2 章～第 15 章分别围绕信号与系统课程的重点和难点,介绍了连续时间系统的时域、频域、复频域分析,离散时间系统的时域、z 域分析以及系统的状态变量分析。本书详细介绍了利用 MATLAB 进行信号与系统分析的基本方法和原理,并通过大量实例进行了说明。同时,第 2 章～第 15 章还提供了编程练习题,供读者独立实践,进一步加深对信号与系统分析方法和原理的理解。

本书针对性和操作性强,可作为电子信息工程、通信工程、信息工程、自动控制工程、生物医学工程、电气自动化、自动化和计算机等专业学生的实验教材,也可供相关领域的教师与工程技术人员参考。

图书在版编目(CIP)数据

基于 MATLAB 的信号与系统实验指导/甘俊英,胡异丁编著. —北京:清华大学出版社,2007.8(2025.1重印)

(高等院校信息技术规划教材)

ISBN 978-7-302-15251-4

Ⅰ. 基…　Ⅱ. ①甘…②胡…　Ⅲ. 信号系统—计算机辅助计算—软件包,MATLAB—高等学校—教学参考资料　Ⅳ. TN911.6

中国版本图书馆 CIP 数据核字(2007)第 073441 号

责任编辑:袁勤勇　柴文强
责任校对:梁　毅
责任印制:杨　艳
出版发行:清华大学出版社
　　　　　网　　址:https://www.tup.com.cn, https://www.wqxuetang.com
　　　　　地　　址:北京清华大学学研大厦 A 座　　　　　邮　编:100084
　　　　　社 总 机:010-83470000　　　　　　　　　　　邮　购:010-62786544
　　　　　投稿与读者服务:010-62776969, c-service@tup.tsinghua.edu.cn
　　　　　质量反馈:010-62772015, zhiliang@tup.tsinghua.edu.cn
印 装 者:天津鑫丰华印务有限公司
经　　销:全国新华书店
开　　本:185mm×260mm　印　张:8.75　　　　　字　　数:203 千字
版　　次:2007 年 8 月第 1 版　　　　　　　　　　印　　次:2025 年 1 月第 14 次印刷
定　　价:29.00 元

产品编号:025373-03

序 *preface*

在科教兴国方针的指引下,我国高等教育进入了一个新的历史发展时期,招生规模和在校生数量都有了大幅度的增长。我们在进行着世界上规模最大的高等教育。与此同时,对于高等教育的研究和认识也在不断深化。高等学校要明确自己的办学方向和办学特色,这既是不断提高高等教育水平的必然要求,更是高校不断发展和壮大必须首先考虑的问题。

教育部领导明确提出,高等教育应多元化,高等院校应实施分类分层次教学,这是高等教育大众化的必然结果,也是市场对人才需求的客观规律所致。因此要有相当部分的高等院校致力于培养应用型人才。此类院校在计算机教学中如何实现自己的培养目标,如何选择适用的应用型教材,已成为十分重要和迫切的任务。应用型人才的培养不能简单照搬研究型人才的培养模式,要在丰富的实践基础上认真总结,摸索新形势下的教学规律,在此基础上设计相关课程、改进教学方法,同时编写与之相适应的应用型教材。这一工作是非常艰巨的,也是非常有意义的。

在清华大学出版社的大力支持和配合下,应用型教材编委会于2003年成立。编委会汇集了众多高等院校的实践经验,并经过集中讨论和专家评审,遴选了一批优秀教材,希望能够通过这套教材的出版和使用,促进应用型人才培养的实践发展,为建立新的人才培养模式作出贡献。

我们编写应用型教材的主要出发点是:

1. 适应新形势下教育部对高等教育的要求以及市场对应用型人才的需求。

2. 计算机科学技术和信息技术发展迅速,教材内容和教学方式应与之相适应,适时地进行更新和改进。

3. 教育技术的发展对教材建设提出了更高的要求,教材将呈现出纸介质出版物、电子课件以及网络学习环境等相互配合的立体化形态。

4. 根据不同的专业要求,突出应用,使理论与实践更加紧密结合。

以此为目标,我们将努力编写一套全新的、有实用价值的应用型计算机教材。经过参编教师的努力,第一批教材已经面世。教材将滚动式地不断更新、修正、提高,逐渐树立起自己的品牌。希望使用本系列教材的广大师生能对我们的教材提出宝贵的意见,共同建设具有应用型特色的精品教材。

朱 敏

2006 年 5 月

前言

信号与系统是电气信息类专业最重要的专业基础课程之一,涉及信息的获取、传输、处理的基本理论和相关技术。该课程的特点是概念抽象,数学公式推导较为繁杂,结果较难理解。随着计算机及数学工具软件的发展,利用软件实现信号与系统的仿真及实践已成为主流。实验环节的培养可以进一步加深学生对各知识点的理解与掌握。本书将 MATLAB 软件引入信号与系统课程的实验教学,科学合理地设计了实验项目,帮助学生完成数值计算、信号与系统分析原理及方法的可视化展现,从而有效地培养学生解决实际问题的能力和创新能力。

全书共分为 15 章。第 1 章简要介绍了 MATLAB 的入门知识;第 2 章~第 15 章分别围绕信号与系统课程的重点和难点,介绍运用 MATLAB 对连续时间系统的时域、频域、复频域分析,离散时间系统的时域、z 域分析以及系统的状态变量分析。本书详细介绍了 MATLAB 进行信号与系统分析的基本方法和原理;通过大量实例对信号与系统课程的重点和难点进行了生动形象的说明;同时给出了具有实际意义的编程练习,为读者直观地理解信号与系统的理论知识提供了有益的帮助。

本书是高等院校理工科关于信号与系统课程计算机仿真的实验教材,针对性和操作性强,可作为电子信息工程、通信工程、信息工程、自动控制工程、生物医学工程、电气自动化、自动化和计算机等专业学生的实验教材,也可供相关领域的教师与工程技术人员参考。

本书由甘俊英、胡异丁编写,甘俊英统稿并主编。在编写过程中应自炉老师给予了很大支持。本书的出版得到了五邑大学教务处和信息学院的大力支持,在此深表谢意!

由于作者水平有限,加上时间仓促,书中错误与不妥之处在所难免,恳请读者批评指正。

编　者
2007 年 8 月

目 录

contents

第1章

MATLAB 软件简介

1.1 MATLAB 软件在信号与系统中的应用介绍

MATLAB 的名称源自 Matrix Laboratory,1984 年由美国 Mathworks 公司推向市场。它是一种科学计算软件,专门以矩阵的形式处理数据。MATLAB 将高性能的数值计算和可视化集成在一起,并提供了大量的内置函数,从而被广泛地应用于科学计算、控制系统和信息处理等领域的分析、仿真和设计工作。1993 年 MathWorks 公司从加拿大滑铁卢大学购得 MAPLE 软件的使用权,从而以 MAPLE 为"引擎"开发了符号数学工具箱(Symbolic Math Toolbox)。

MATLAB 软件包括 5 大通用功能,数值计算功能(Nemeric)、符号运算功能(Symbolic)、数据可视化功能(Graphic)、数据图形文字统一处理功能(Notebook)和建模仿真可视化功能(Simulink)。其中,符号运算功能的实现是通过请求 MAPLE 内核计算并将结果返回到 MATLAB 命令窗口。该软件有三大特点,一是功能强大;二是界面友善、语言自然;三是开放性强。目前,Mathworks 公司已推出 30 多个应用工具箱。MATLAB 在线性代数、矩阵分析、数值及优化、数理统计和随机信号分析、电路与系统、系统动力学、信号和图像处理、控制理论分析和系统设计、过程控制、建模和仿真、通信系统以及财政金融等众多领域的理论研究和工程设计中得到了广泛应用。

MATLAB 在信号与系统中的应用主要包括符号运算和数值计算仿真分析。由于信号与系统课程的许多内容都是基于公式演算,而 MATLAB 借助符号数学工具箱提供的符号运算功能,能基本满足信号与系统课程的需求。例如解微分方程、傅里叶正反变换、拉普拉斯正反变换和 z 正反变换等。MATLAB 在信号与系统中的另一主要应用是数值计算与仿真分析,主要包括函数波形绘制、函数运算、冲激响应与阶跃响应仿真分析、信号的时域分析、信号的频谱分析、系统的 S 域分析和零极点图绘制等内容。数值计算仿真分析可以帮助学生更深入地理解信号与系统的理论知识,并为将来使用 MATLAB 进行信号处理领域的各种分析和实际应用打下基础。

1.2 MATLAB 软件使用入门

1.2.1 MATLAB 软件的环境介绍

MATLAB 6.5 的工作桌面由标题栏、菜单栏、工具栏、命令窗口(Command Window)、工作空间窗口(Workspace)、当前目录窗口(Current Directory)、历史命令窗口(Command History)及状态栏组成,为用户使用 MATLAB 提供了集成的交互式图形界面,如图 1-1 所示。

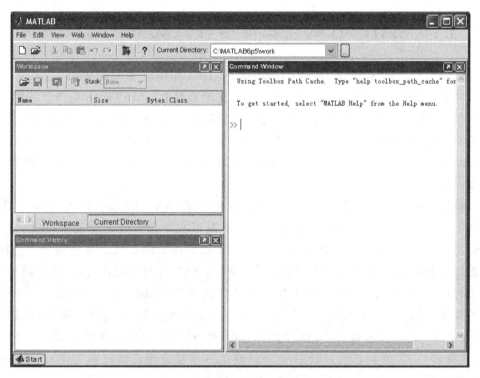

图 1-1 MATLAB 的工作界面

MATLAB 的命令窗口是接收用户输入命令及输出数据显示的窗口,几乎所有的 MATLAB 行为都是在命令窗口进行的。当启动 MATLAB 软件时,命令窗口就做好了接收指令和输入的准备,并出现命令提示符(>>)。在命令提示符后输入指令,通常会创建一个或多个变量。变量可以是多种类型的,包括函数和字符串,但通常的变量只是数据。这些变量被放置在 MATLAB 的工作空间中,工作空间窗口提供了变量的一些重要信息,包括变量的名称、维数大小、占用内存大小以及数据类型等信息。查看工作空间的另一种方法是使用 whos 命令。在命令提示符后输入 whos 命令,工作空间中的内容概要将作为输出显示在命令窗口中。

有的命令可以用来清除不必要的数据,同时释放部分系统资源。clear 命令可以用来清除工作空间的所有变量,如果要清除某一特定变量,则需要在 clear 命令后加上该变量的名称。另外,clc 命令用来清除命令窗口的内容。

如果希望将 MATLAB 所创建的变量及重要数据保留下来,则使用 save 命令,并在其后加上文件名,即可将整个工作空间保存为一个扩展名为 .mat 的文件。使用 load 命令,并在其后加上文件名,则可将 MATLAB 数据文件(.mat 文件)中的数据加载到工作空间中。MATLAB 历史命令窗口记录了每次输入的命令。在该窗口中可以对以前的历史命令进行查看、复制或者直接运行。

对于初学者而言,需要掌握的最重要且最有用的命令应为 help 命令。MATLAB 命令和函数有数千个,而且许多命令的功能非常强大,调用形式多样。要想了解一个命令或函数,只需在命令提示符后输入 help,并加上该命令或函数的名称,则 MATLAB 会给出其详细帮助信息。另外,MATLAB 还精心设计了演示程序系统(Demo),内容包括 MATLAB 的内部主要函数和各个工具箱(Toolbox)的使用。初学者可以方便地通过这些演示程序及其给出的程序源代码进行直观的感受和学习。用户可以通过两种途径打开演示程序系统,一是在命令窗口中输入 demo 或 demos 命令并按 Enter 键;二是执行 help→Demos 命令。

1.2.2　MATLAB 软件基本运算入门

1. MATLAB 软件的数值计算

(1) 算术运算

MATLAB 可以像一个简单的计算器一样使用,不论是实数运算还是复数运算都能轻松完成。标量的加法、减法、除法和幂运算均可通过常规符号"＋"、"－"、"＊"、"/"以及"^"来完成。对于复数中的虚数单位,MATLAB 采用预定义变量 i 或 j 表示,即 $i=j=\sqrt{-1}$。因此,一个复常量可用直角坐标形式来表示,例如,

```
>>A=-3-i*4
A=
   -3.0000 - 4.0000i
```

将复常量 $-3-i4$ 赋予了变量 A。

一个复常量还可用极坐标的形式来表示,例如,

```
>>B=2*exp(i*pi/6)
B=
   1.7321+1.0000i
```

其中,pi 是 MATLAB 预定义变量,$pi=\pi$。

复数的实部和虚部可以通过 real 和 imag 运算符来实现,而复数的模和辐角可以通过 abs 和 angle 运算符来实现。但应注意辐角的单位为弧度。例如,复数 A 的模和辐角、复数 B 的实部和虚部的计算分别为

```
>>A_mag=abs(A)
```

```
A_mag=
        5
>>A_rad=angle(A)
A_rad=
        -2.2143
>>B_real=real(B)
B_real=
        1.7321
>>B_imag=imag(B)
B_imag=
        1.0000
```

如果将弧度值用"度"来表示,则可进行转换,即

```
>>A_deg=angle(A)*180/pi
A_deg=
        -126.8699
```

复数 A 的模可表示为 $|A| = \sqrt{AA^*}$,因此,其共轭复数可通过 conj 命令来实现,例如,

```
>>A_mag=sqrt(A*conj(A))
A_mag=
        5
```

(2) 向量运算

向量是组成矩阵的基本元素之一,MATLAB 具有关于向量运算的强大功能。一般地,向量被分为行向量和列向量。生成向量的方法有很多,下面主要介绍两种。

① 直接输入向量:即把向量中的每个元素都列举出来。向量元素要用"[ ]"括起来,元素之间可用空格、逗号分隔生成行向量,用分号分隔生成列向量。例如,

```
>>A=[1,3,5,21]
A=
    1    3    5    21
>>B=[1;3;5;21]
B=
    1
    3
    5
    21
```

② 利用冒号表达式生成向量:这种方法用于生成等步长或均匀等分的行向量,其表达式为 x=x0:step:xn。其中,x0 为初始值;step 表示步长或增量;xn 为结束值。如果 step 值默认,则步长默认为 1。例如,

```
>>C=0:2:10
C=
```

```
      0     2     4     6     8     10
>>D=0：10
D=
      0   1   2   3   4   5   6   7   8   9   10
```

在连续时间信号和离散时间信号的表示过程中,经常要用到冒号表达式。例如,对于 $0 \leqslant t \leqslant 1$ 范围内的连续信号,可用冒号表达式"$t=0:0.001:1;$"来近似表达该区间,此时,向量 t 表示该区间以 0.001 为间隔的 1001 个点。

如果一个向量或一个标量与一个数进行运算,即进行"＋"、"－"、"＊"、"/"以及"^"运算,则运算结果是将该向量的每一个元素与这个数逐一进行相应的运算所得到的新的向量。例如,

```
>>C=0：2：10；
>>E=C/4
E=
      0   0.5000   1.0000   1.5000   2.0000   2.5000
```

其中,第一行语句结束的分号是为了不显示 C 的结果;第二行语句没有分号则显示出 E 的结果。

一个向量中元素的个数可以通过命令 length 获得,例如,

```
>>t=0：0.001：1；
>>L=length(t)
L=
      1001
```

(3) 矩阵运算

MATLAB 又称矩阵实验室,因此,MATLAB 中矩阵的表示十分方便。例如,输入矩阵 $\begin{bmatrix} 11 & 12 & 13 \\ 21 & 22 & 23 \\ 31 & 32 & 33 \end{bmatrix}$,在 MATLAB 命令窗口中可输入下列命令得到,即

```
>>a=[11 12 13;21 22 23;31 32 33]
a=
     11    12    13
     21    22    23
     31    32    33
```

其中,命令中整个矩阵用括号"[ ]"括起来;矩阵每一行的各个元素必须用逗号","或空格分开;矩阵的不同行之间必须用分号";"或者按 Enter 键分开。

在矩阵的加减运算中,矩阵维数相同才能实行加减运算。矩阵的加法或减法运算是将矩阵的对应元素分别进行加法或减法运算。在矩阵的乘法运算中,要求两矩阵必须维数相容,即第一个矩阵的列数必须等于第二个矩阵的行数。例如,

```
>>a=[1 2 3;4 5 6]
a=
```

```
     1     2     3
     4     5     6
>>b=[1 2; 3 4;5 6]
b=
     1     2
     3     4
     5     6
>>c=a * b
c=
    22    28
    49    64
```

MATLAB 中矩阵的点运算指维数相同的矩阵位置对应元素进行的算术运算,标量常数可以和矩阵进行任何点运算。常用的点运算包括". * "、". /"、". \"、". ^"等。矩阵的加法和减法是在对应元素之间进行的,所以不存在点加法或点减法。

点乘运算,又称 Hadamard 乘积,是指两维数相同的矩阵或向量对应元素相乘,表示为 C=A. * B。点除运算是指两维数相同的矩阵或向量中各元素独立的除运算,包括点右除和点左除。其中,点右除表示为 C=A. /B,意思是 A 对应元素除以 B 对应元素;点左除表示为 C=A.\B,意思是 B 对应元素除以 A 对应元素。点幂运算指两维数相同的矩阵或向量各元素独立的幂运算,表达式为 C=A.^B。

【实例 1-1】 已知 t 为一向量,用 MATLAB 命令计算 $y=\dfrac{\sin(t)\mathrm{e}^{-2t}+5}{\cos(t)+t^2+1}$ 在 $0 \leqslant t \leqslant 1$ 区间上对应的值。

解:表达式中的运算都是点运算,MATLAB 源程序为

```
>>t=0: 0.01: 1;
>>y=(sin(t). * exp(-2 * t)+5)./(cos(t)+t.^2+1);
>>plot(t,y),xlabel('t'),ylabel('y')
```

这里,并没有将 y 向量的结果显示出来,而是利用 plot 命令将结果绘成了图形,如图 1-2 所示。

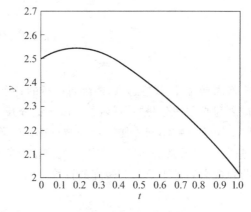

图 1-2　实例 1-1 的结果

2. MATLAB 软件的符号运算

MATLAB 符号运算工具箱提供的函数命令是专门研究符号运算功能的。符号运算是指符号之间的运算,其运算结果仍以标准的符号形式表达。符号运算是 MATLAB 的一个极其重要的组成部分,符号表示的解析式比数值解具有更好的通用性。在使用符号运算之前必须定义符号变量,并创建符号表达式。定义符号变量的语句格式为

syms　变量名

其中,各个变量名须用空格隔开。例如,定义 x、y、z 三个符号变量的语句格式为

```
>>syms x y z
```

可以用 whos 命令来查看所定义的符号变量,即

```
>>clear
>>syms x y z
>>whos
Name        Size                    Bytes  Class
  x         1x1                      126 sym object
  y         1x1                      126 sym object
  z         1x1                      126 sym object
Grand total is 6 elements using 378 bytes
```

可见,变量 x、y、z 必须通过符号对象(即 sym object)定义,才能参与符号运算。

另一种定义符号变量的语句格式为

sym('变量名')

例如,x、y、z 三个符号变量定义的语句格式为

```
>>x=sym('x');
>>y=sym('y');
>>z=sym('z');
```

sym 语句还可以用来定义符号表达式,语句格式为

sym('表达式')

例如,定义表达式 x+1 为符号表达式对象,语句为

```
>>sym('x+1');
```

另一种创建符号表达式的方法是先定义符号变量,然后直接写出符号表达式。例如,在 MATLAB 中创建符号表达式 $y=\dfrac{\sin(t)\mathrm{e}^{-2t}+5}{\cos(t)+t^2+1}$,其 MATLAB 源程序为

```
>>syms t
>>y=(sin(t).*exp(-2*t)+5)./(cos(t)+t.^2+1)
```

```
y=
    (sin(t) * exp(-2 * t)+5)/(cos(t)+t^2+1)
```

例如,符号算术运算的 MATLAB 源程序为

```
>>clear
>>syms a b
>>f1=1/(a+1);
>>f2=2 * a/(a+b);
>>f3=(a+1) * (b-1) * (a-b);
>>f1+f2
ans=
    1/(a+1)+2 * a/(a+b)
>>f1 * f3
ans=
    (b-1) * (a-b)
>>f1/f3
ans=
    1/(a+1)^2/(b-1)/(a-b)
```

在符号运算中,可以用 simple 或者 simplify 函数来化简运算结果,例如,

```
>>syms x
>>f1=sin(x)^2;
>>f2=cos(x)^2;
>>y=f1+f2
y=
    sin(x)^2+cos(x)^2
>>y=simplify(y)
y=
    1
```

1.2.3 MATLAB 软件简单二维图形绘制

MATLAB 的 plot 命令是绘制二维曲线的基本函数,它为数据的可视化提供了方便的途径。例如,函数 $y = f(x)$ 关于变量 x 的曲线绘制的语句格式为

```
>>plot(x,y)
```

其中,输出以向量 x 为横坐标,向量 y 为纵坐标,且按照向量 x、y 中元素的排列顺序有序绘制图形。但向量 x 与 y 必须拥有相同的长度。

绘制多幅图形的语句格式为

```
>>plot(x1,y1,'str1',x2,y2,'str2',...)
```

其中,用 str1 制定的方式,输出以 x1 为横坐标、y1 为纵坐标的图形。用 str2 制定的方式,输出以 x2 为横坐标、y2 为纵坐标的图形。若省略 str,则 MATLAB 自动为每条曲

线选择颜色与线型。

图形完成后，可以通过几个命令来调整显示结果。如 grid on 用来显示格线；axis（[xmin,xmax,ymin,ymax]）函数调整坐标轴的显示范围。其中，括号内的"，"可用空格代替；xlabel 和 ylabel 命令可为横坐标和纵坐标加标注，标注的字符串必须用单引号引起来；title 命令可在图形顶部加注标题。

【实例 1-2】　用 MATLAB 命令绘制函数 $y = \sin(10\pi t) + \dfrac{1}{\cos(\pi t) + 2}$ 的波形图。

解：MATLAB 源程序为

```
>>t=0: 0.01: 5;
>>y=sin(5*pi*t)+1./(cos(pi*t)+2);
>>plot(t,y)
>>axis([0,5,-1 2,5])
>>xlabel('t'),ylabel('y'),
>>grid on
```

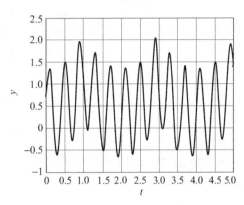

图 1-3　实例 1-2 的函数波形图

程序运行结果如图 1-3 所示。

用 subplot 命令可在一个图形窗口中按照规定的排列方式同时显示多个图形，方便图形的比较。其语句格式为

```
>>subplot(m,n,p)
```

或者

```
>>subplot(mnp)
```

其中，m 和 n 表示在一个图形窗口中显示 m 行 n 列个图像，p 表示第 p 个图像区域，即在第 p 个区域作图。例如，比较正弦信号相位差的 MATLAB 源程序为

```
>>t=0: 0.01: 3;
>>y1=sin(2*pi*t);
>>y2=sin(2*pi*t+pi/6);
>>subplot(211),plot(t,y1)
>>xlabel('t'),ylabel('y1'),title('y1=sin(2*pi*t)')
>>subplot(212),plot(t,y2)
>>xlabel('t'),ylabel('y2'),title('y2=sin(2*pi*t+pi/6)')
```

程序运行结果如图 1-4 所示。

除了 plot 命令外，MATLAB 提供了 ezplot 命令绘制符号表达式的曲线，其语句格式为

```
>>ezplot(y, [a,b])
```

其中，[a,b]参数表示符号表达式的自变量取值范围，默认值为[0,2π]。

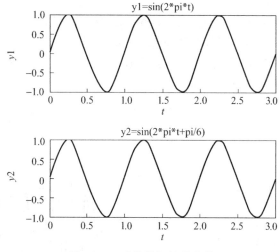

图 1-4　正弦信号相位差比较

【实例 1-3】　利用 MATLAB 的 ezplot 命令绘出函数 $y = -16x^2 + 64x + 96$ 的波形图。

解：MATLAB 源程序为

```
>>syms x
>>y='-16*x^2+64*x+96';
>>ezplot(y,[0,5])
>>xlabel('t'),ylabel('y'),
>>grid on
```

程序运行结果如图 1-5 所示。

在绘图过程中，可以利用 hold on 命令来保持当前图形，继续在当前图形状态下绘制其他图形，即可在同一窗口下绘制多幅图形。hold off 命令用来释放当前图形窗口，绘制下一幅图形作为当前图形。

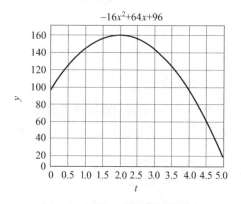

图 1-5　实例 1-3 的函数波形图

1.2.4　M 文件

MATLAB 是解释型语言，也就是说在 MATLAB 命令行中输入的命令在当前 MATLAB 进程中被解释运行，无须编译和链接等。MATLAB 文件分为两类：M 脚本文件(M-Script)和 M 函数(M-function)，它们均为由 ASCII 码构成的文件，该文件可直接在文本编辑器中编写，称为 M 文件，保存的文件扩展名是.m。

M 脚本文件包含一族由 MATLAB 语言所支持的语句，并保存为 M 文件。它类似于 DOS 下的批处理文件，不需要在其中输入参数，也不需要给出输出变量来接受处理结果。脚本仅是若干命令或函数的集合，用于执行特定的功能。其执行方式很简单，用户只需在 MATLAB 的提示符"＞＞"下输入该 M 文件的文件名，这样 MATLAB 就会自动执行该 M 文件中的各条语句,并将结果直接返回到 MATLAB 工作空间中。脚本 M 文件实际上是一系列 MATLAB 命令的集合,它的作用与在 MATLAB 命令窗口输入的一系列命令等效。

M 函数文件不同于 M 脚本文件,是一种封装结构,通过外界提供输入量而得到函数文件的输出结果。函数是接受入口参数返回出口参数的 M 文件,程序在自己的工作空间中操作变量,与工作空间分开,无法访问。M 函数文件和 M 脚本文件都是在编辑器中生成,通常以关键字 function 引导"函数声明行",并罗列出函数与外界联系的全部"标称"输入/输出总量。它的一般形式为

```
function [output 1, output 2,...] =functionname(input1, input2,...)
%[output 1, output 2,…] =functionname(input1, input2,…) Functionname
% Some comments that explain what the function does go here.
MATLAB command 1;
MATLAB command 2;
MATLAB command 3;
…
```

该函数的 M 文件名是 functionname.m,在 MATLAB 命令窗口中可被其他 M 文件调用,例如,

```
>>[output1, output2]=functionname(input1, input2)
```

注意,MATLAB 忽略了"%"后面的所有文字,因此,可以利用该符号写注释。以";"结束一行,可以停止输出打印,在一行的最后输入"…"可以续行,以便在下一行继续输入指令。M 函数格式是 MATLAB 程序设计的主流,在一般情况下,不建议使用 M 脚本文件格式编程。

1.2.5　MATLAB 程序流程控制

MATLAB 与其他高级编程语言一样,是一种结构化的编程语言。MATLAB 程序流程控制结构一般可分为顺序结构、循环结构以及条件分支结构。MATLAB 中实现顺序结构的方法非常简单,只需将程序语句按顺序排列即可。在 MATLAB 中,循环结构可以由 for 语句循环结构和 while 语句循环结构两种方式来实现。条件分支结构可以由 if 语句分支结构和 switch 语句分支结构两种方式来实现。下面主要介绍这几种程序流程控制。

1. for 循环结构

for 循环结构用于在一定条件下多次循环执行处理某段指令,其语法格式为

```
for   循环变量=初值:增量:终值
      循环体
end
```

循环变量一般被定义为一个向量,这样循环变量从初值开始,循环体中的语句每被

执行一次,变量值就增加一个增量,直到变量等于终值为止。增量可以根据需要设定,默认时为 1。end 代表循环体的结束部分。

例如,用 for 循环结构求 $1+2+3+\cdots+100$ 的和,其 MATLAB 源程序为

```
>>sum=0;
>>for i=1: 100
       sum=sum+i;
end
>>sum
sum=
     5050
```

2. while 循环结构

while 循环结构也用于循环执行处理某段指令,但是与 for 循环结构不同的是,在执行循环体之前先要判断循环执行的条件是否成立,即逻辑表达式为"真"还是"假",如果条件成立,则执行;如果条件不成立,则终止循环。其语法格式为

```
while   逻辑表达式
        循环体
end
```

例如,用 while 循环结构求 $1+2+3+\cdots+100$ 的和,其 MATLAB 源程序为

```
>>sum=0;i=0;
>>while  i<100
i=i+1;
sum=sum+i;
end
>>sum
sum=
     5050
```

从上述 MATLAB 源程序可以看出,while 循环结构是通过判断逻辑表达式 $i<100$ 是否为"真",而决定是否执行循环体。

3. if 分支结构

if 条件分支结构是通过判断逻辑表达式是否成立来决定是否执行制定的程序模块。其语法格式有两种,一种是单分支结构;另一种是多分支结构。其中,单分支结构语法格式为

```
if   逻辑表达式
     程序模块
end
```

单分支结构语法格式的含义是,如果逻辑表达式为"真",则执行程序模块,否则跳过

该分支结构,按顺序结构执行下面的程序。

多分支结构的语法格式为

```
if　逻辑表达式 1
    程序模块 1
else if　逻辑表达式 2　（可选）
        程序模块 2
⋮
else
    程序模块 n
end
```

多分支结构语法格式可理解为:首先判断 if 条件分支结构中的逻辑表达式 1 是否成立,如果成立则执行程序模块 1;否则继续判断 else if 条件分支结构中的逻辑表达式 2,如果成立则执行程序模块 2;依次下去,如果结构中所有条件都不成立,则执行程序模块 n。

例如,用 if 条件分支结构可实现百分制考试分数的分级,其 MATLAB 源程序为

```
>>s=input('输入 score=');% 屏幕提示输入 x=,由键盘输入值赋给 x
>>if s>=90
    rank='A'
elseif s>=80
    rank='B'
elseif s>=70
    rank='C'
elseif s>=60
    rank='D'
else
    rank='E'
end
```

4. switch 分支结构

switch 分支结构是根据表达式的取值结果不同来选择执行的程序模块,其语法格式为

```
switch　表达式
  case　常量 1
    程序模块 1
  case　常量 2
    程序模块 2
⋮
  otherwise
    程序模块 n
end
```

其中,switch 后面的表达式可以是任何类型,如数字、字符串等。当表达式的值与

case 后面的常量相等时，就执行对应的程序模块；如果所有常量都与表达式的值不等时，则执行 otherwise 后面的程序模块。

例如，用 switch 分支结构也可实现百分制考试分数的分级，其 MATLAB 源程序为

```
>>s=input('输入 score=');
>>switch fix(s/10)           % 利用 fix 函数舍去小数部分取最近整数
    case {10,9}
        rank='A'
    case 8
        rank='B'
    case 7
        rank='C'
    case 6
        rank='D'
    otherwise
        rank='E'
end
```

除了上述介绍的几种程序流程控制结构外，MATLAB 为实现交互控制程序流程还提供了 continue、break、pause、input、error 和 disp 等命令。读者可通过 doc 或者 help 命令查看它们的具体使用方法。

第 2 章

连续时间信号在 MATLAB 中的表示

2.1 实 验 目 的

- 学会运用 MATLAB 表示常用连续时间信号的方法；
- 观察并熟悉这些信号的波形和特性。

2.2 实验原理及实例分析

在某一时间区间内，除若干个不连续点外，如果任意时刻都可给出确定的函数值，则称该信号为连续时间信号，简称为连续信号。从严格意义上讲，MATLAB 数值计算的方法并不能处理连续时间信号。然而，可利用连续信号在等时间间隔点的取样值来近似表示连续信号，即当取样时间间隔足够小时，这些离散样值能够被 MATLAB 处理，并且能较好地近似表示连续信号。

MATLAB 提供了大量生成基本信号的函数。比如常用的指数信号、正余弦信号等都是 MATLAB 的内部函数。为了表示连续时间信号，需定义某一时间或自变量的范围和取样时间间隔，然后调用该函数计算这些点的函数值，最后画出其波形图。

2.2.1 典型信号的 MATLAB 表示

1. 实指数信号

实指数信号的基本形式为 $f(t)=Ke^{\alpha t}$。式中，K、α 为实数。当 $\alpha>0$ 时，实指数信号随时间按指数式增长；当 $\alpha<0$ 时，实指数信号随时间按指数式衰减；当 $\alpha=0$ 时，实指数信号不随时间变化，转化为直流信号。MATLAB 中用 exp 函数来表示实指数信号，其语句格式为

```
y=K*exp(a*t)
```

【实例 2-1】 用 MATLAB 命令产生单边衰减指数信号 $2e^{-1.5t}u(t)$，并绘出时间 $0\leqslant t\leqslant 3$ 的波形图。

解：MATLAB 源程序为

```
>>K=2;a=-1.5;
>>t=0：0.01：3;
>>ft=K*exp(a*t);
>>plot(t,ft),grid on
>>axis([0,3,0,2.2])
>>title('单边指数衰减信号')
```

程序运行后,产生如图 2-1 所示的波形。

2. 正弦信号

正弦信号的基本形式为 $f(t)=K\sin(\omega t+\varphi)$ 或 $f(t)=K\cos(\omega t+\varphi)$。其中,$K$ 是振幅;ω 是角频率;φ 是初相位。这三个参数称为正弦信号的三要素。MATLAB 中可用 sin 或 cos 函数来表示正弦信号,其语句格式为

```
K*sin(w*t+phi)
K*cos(w*t+phi)
```

【实例 2-2】　用 MATLAB 命令产生正弦信号 $2\sin(2\pi+\pi/4)$,并绘出时间为 $0\leqslant t\leqslant3$ 的波形图。

解：MATLAB 源程序为

```
>>K=2;w=2*pi;phi=pi/4;
>>t=0：0.01：3;
>>ft=K*sin(w*t+phi);
>>plot(t,ft),grid on;
>>axis([0,3,-2.2,2.2])
>>title('正弦信号')
```

其中,pi 常数已经被 MATLAB 内部定义。程序运行后,产生如图 2-2 所示的波形。

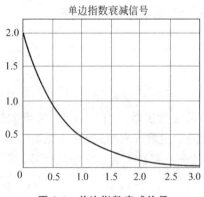

图 2-1　单边指数衰减信号

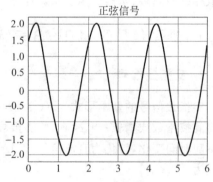

图 2-2　正弦信号

3. 复指数信号

复指数信号的基本形式为 $f(t)=Ke^{st}=Ke^{(\sigma+j\omega)t}=Ke^{\sigma t}\cos(\omega t)+jKe^{\sigma t}\sin(\omega t)$。其

中，$s＝\sigma＋j\omega$ 是复变量；σ、ω 为实数。该信号由实部 $\text{Re}\,[f(t)]＝Ke^{\sigma t}\cos(\omega t)$ 和虚部 $\text{Im}\,[f(t)]＝Ke^{\sigma t}\sin(\omega t)$ 两部分组成。当 $\omega＝0$ 时，$Ke^{\sigma t}$ 为一个实指数信号；当 $\sigma＞0$、$\omega\neq 0$ 时，$Ke^{\sigma t}$ 的实部和虚部分别是按指数规律增长的正弦振荡；当 $\sigma＜0$、$\omega\neq 0$ 时，$Ke^{\sigma t}$ 的实部和虚部分别是按指数规律衰减的正弦振荡；当 $\sigma＝0$、$\omega\neq 0$ 时，$Ke^{\sigma t}$ 的实部和虚部均为等幅的正弦振荡。

MATLAB 表示复指数信号时同样可调用 exp 函数，与实指数信号的不同之处在于函数自变量为复数，MATLAB 默认变量 i 为虚部单位。

【实例 2-3】　用 MATLAB 命令画出复指数信号 $f(t)＝2e^{(-1.5+j10)t}$ 的实部、虚部、模及相角随时间变化的曲线，并观察其时域特性。

解：MATLAB 源程序为

```
>>t=0：0.01：3;
>>k=2;a=-1.5;b=10;
>>ft=k * exp((a+i * b) * t);
>>subplot(2,2,1);plot(t,real(ft));title('实部');axis([0,3,-2,2]);grid on;
>>subplot(2,2,2);plot(t,imag(ft));title('虚部');axis([0,3,-2,2]);grid on;
>>subplot(2,2,3);plot(t,abs(ft));title('模');axis([0,3,0,2]);grid on;
>>subplot(2,2,4);plot(t,angle(ft));title('相角');axis([0,3,-4,4]);grid on;
```

程序运行后，产生如图 2-3 所示的波形。

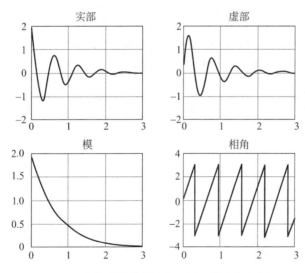

图 2-3　复指数信号的实部、虚部、模与相角图

4. 抽样信号

抽样信号的基本形式为 $\text{Sa}(t)＝\sin(t)/t$，在 MATLAB 中用与 $\text{Sa}(t)$ 类似的 $\text{sinc}(t)$ 函数表示，定义为

$$\text{sinc}(t) = \sin(\pi t)/(\pi t)$$

可以看出，$\text{Sa}(t)$ 函数与 $\text{sinc}(t)$ 函数没有本质的区别，只是在时间尺度上不同而已。

【**实例 2-4**】 用 MATLAB 命令产生抽样信号 Sa(t)，并绘出时间为 $-6\pi \leqslant t \leqslant 6\pi$ 的波形图。

解：MATLAB 源程序为

```
>>t=-6*pi: pi/100: 6*pi;
>>ft=sinc(t/pi);
>>plot(t,ft)
>>grid on;
>>axis([-20,20,-0.5,1.2]);
>>title('抽样信号')
```

程序运行后，产生如图 2-4 所示的波形。

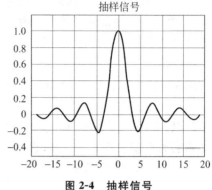

图 2-4 抽样信号

5. 矩形脉冲信号

矩形脉冲信号在 MATLAB 中可用 rectpuls 函数产生，其语句格式为

```
y=rectpuls(t,width)
```

该函数用于产生一个幅度为 1、宽度为 width，且以 $t=0$ 为对称轴的矩形脉冲信号，width 的默认值为 1。

【**实例 2-5**】 用 MATLAB 命令画出下列矩形脉冲信号的波形图。

$$f(t) = \begin{cases} 2 & (0 \leqslant t \leqslant 1) \\ 0 & (t < 0, t > 1) \end{cases}$$

解：根据所定义的矩形脉冲信号，$f(t)$ 定义的矩形脉冲宽度为 1，脉冲的中心位置相对纵轴向右移动了 0.5。因此，其 MATLAB 源程序为

```
>>t=-0.5: 0.01: 3;
>>t0=0.5;width=1;
>>ft=2*rectpuls(t-t0, width);
>>plot(t,ft)
>>grid on;
>>axis([-0.5 3 -0.2 2.2]);
>>title('矩形脉冲信号')
```

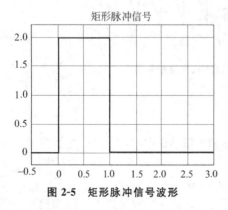

图 2-5 矩形脉冲信号波形

程序运行后，产生如图 2-5 所示的波形。

周期性矩形波信号或方波在 MATLAB 中可用 square 函数产生，其语句格式为

```
y=square(t,DUTY)
```

该函数用于产生一个周期为 2π、幅值为 ±1 的周期性方波信号，其中，DUTY 参数用来表示信号的占空比 DUTY%，即在一个周期内脉冲宽度（正值部分）与脉冲周期的比值。占空比默认值为 0.5。

【实例 2-6】　用 MATLAB 命令产生频率为 10Hz、占空比为 30％的周期方波信号。

解：MATLAB 源程序为

```
>>t=0：0.001：0.3;
>>y=square(2*pi*10*t,30);
>>plot(t,y)
>>grid on
>>axis([0,0.3,-1.2,1.2]);
>>title('周期方波信号')
```

程序运行后,产生如图 2-6 所示的波形。

6. 三角波脉冲信号

非周期型三角波脉冲信号在 MATLAB 中可调用 tripuls 函数产生,其语句格式为

```
y=tripuls(t,width,skew)
```

该函数用于产生一个幅度为 1、宽度为 width,且以 $t=0$ 为中心左右各展开 width/2 大小、斜度为 skew 的三角波。width 的默认值为 1,skew 的取值范围在 $-1\sim+1$ 之间。一般最大幅度 1 出现在 $t=(\text{width}/2)\times\text{skew}$ 的横坐标位置,默认时 skew$=0$,此时产生对称三角波。

【实例 2-7】　用 MATLAB 命令产生幅度为 1、宽度为 4、斜率为 -0.5 的非周期三角波信号的波形图。

解：MATLAB 源程序为

```
>>t=-3：0.01：3;
>>ft=tripuls(t,4,-0.5);
>>plot(t,ft),grid on
>>axis([-3 3 -0.5 1.5]);
>>title('三角波脉冲信号')
```

程序运行后,产生如图 2-7 所示的波形。

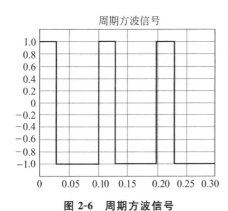

图 2-6　周期方波信号

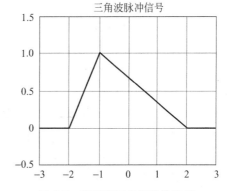

图 2-7　非周期三角波脉冲信号

周期三角波信号或锯齿波在 MATLAB 中可用 sawtooth 函数产生,其语句格式为

```
y=sawtooth(t,width)
```

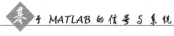

该函数用于产生周期为 2π、峰值为 ± 1 的周期三角波或锯齿波信号。width 为 $0\sim 1$ 之间的标量，指定一个周期内 y 最大值出现的位置，width 是位置横坐标与周期的比值。

【实例 2-8】 用 MATLAB 命令产生峰值为 ± 1、周期为 2 的周期三角波信号的波形图。

解：MATLAB 源程序为

```
>>t=-6: 0.01: 6;
>>ft=sawtooth(pi*t,0.5);
>>plot(t,ft)
>>grid on
>>title('周期三角波脉冲信号')
>>axis([-6 6 -1.2 1.2]);
```

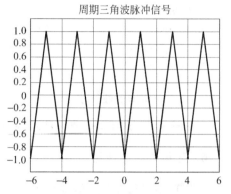

图 2-8 周期三角波脉冲信号

程序运行后，产生如图 2-8 所示的波形。

2.2.2 单位阶跃信号的 MATLAB 表示

单位阶跃信号是信号分析中的基本信号之一，在信号与系统分析中有着十分重要的意义，常用于简化信号的时域数学表示。例如，表示分段函数信号、时限信号和因果信号等。单位阶跃信号用符号 $u(t)$ 表示，定义为

$$u(t) = \begin{cases} 1 & t > 0 \\ 0 & t < 0 \end{cases}$$

单位阶跃信号 $u(t)$ 在 MATLAB 中用 "$(t \geqslant 0)$" 产生。MATLAB 表达式 "$y = (t \geqslant 0)$" 的含义就是 $t \geqslant 0$ 时 $y = 1$，而当 $t < 0$ 时 $y = 0$。

【实例 2-9】 用 MATLAB 命令绘出单位阶跃信号 $u(t)$。

解：MATLAB 源程序为

```
>>t=-1: 0.01: 5;
>>ft=(t>=0);
>>plot(t,ft),grid on;
>>axis([-1 5 -0.5 1.5]); title('单位阶跃信号')
```

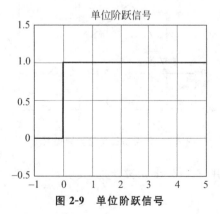

图 2-9 单位阶跃信号

程序运行后，产生如图 2-9 所示的波形。

此外，也可在 MATLAB 的 work 目录下创建 uCT 的 M 文件，其 MATLAB 源程序为

```
function f=uCT(t)
f=(t>=0);
```

保存后，就可调用该函数，并运用 plot 命令来绘制单位阶跃信号的波形。例如，图 2-9 中波形的 MATLAB 源程序为

```
>>t=-1: 0.01: 5;
```

```
>>ft=uCT(t);
>>plot(t,ft),grid on
>>axis([-1 5 -0.5 1.5]);
>>title('单位阶跃信号')
```

注意,在此定义的 uCT 函数是阶跃信号数值表示方法,因此在数值计算中我们将调用 uCT 函数。而在 MATLAB 的 MAPLE 内核中,将 Heaviside 函数定义为阶跃信号符号表达式,在符号运算过程中,若要调用它必须用 sym 定义后,才能实现。例如,还可用下面的命令绘出阶跃信号,即

```
>>y=sym('Heaviside(t)');        %定义符号表达式
>>ezplot(y,[-1,5]);grid on
```

在表示分段函数信号、时限信号时,经常用到延时的单位阶跃信号,对于延时 T 的单位阶跃信号 $u(t-T)$,可以用 uCT$(t-T)$ 来表示。

【实例 2-10】　用 MATLAB 命令实现幅度为 1、宽度为 1 的门函数 $g(t)$。

解：MATLAB 源程序为

```
>>t=-1: 0.01: 1;
>>ft=uCT(t+0.5)-uCT(t-0.5);
>>plot(t,ft),grid on
>>axis([-1 1 -0.2 1.2]);
>>title('门函数')
```

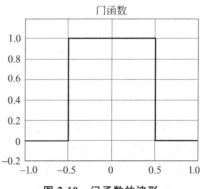

图 2-10　门函数的波形

程序运行后,产生如图 2-10 所示的波形。

此外,MATLAB 符号工具箱还将 Dirac 函数定义为冲激信号,其调用方式与函数的调用方式相同。但是,由于冲激信号幅度为无穷大,因此,MATLAB 无法画出其图形来,而 Heaviside 和 Dirac 函数也只是用于符号运算。

2.3　编程练习

1. 利用 MATLAB 命令画出下列连续信号的波形图。

(1) $2\cos(3t+\pi/4)$　　　　(2) $(2-\mathrm{e}^{-t})u(t)$

(3) $t[u(t)-u(t-1)]$　　　　(4) $[1+\cos(\pi t)][u(t)-u(t-2)]$

2. 利用 MATLAB 命令画出下列复信号的实部、虚部、模和辐角。

(1) $f(t)=2+\mathrm{e}^{\mathrm{j}\frac{\pi}{4}t}+\mathrm{e}^{\mathrm{j}\frac{\pi}{2}t}$　　　　(2) $f(t)=2\mathrm{e}^{\mathrm{j}(t+\pi/4)}$

3. 利用 MATLAB 命令产生幅度为 1、周期为 1、占空比为 0.5 的一个周期矩形脉冲信号。

第3章

连续时间信号在 MATLAB 中的运算

3.1 实 验 目 的

- 学会运用 MATLAB 进行连续信号时移、反折和尺度变换；
- 学会运用 MATLAB 进行连续信号微分、积分运算；
- 学会运用 MATLAB 进行连续信号相加、相乘运算；
- 学会运用 MATLAB 进行连续信号的奇偶分解。

3.2 实验原理及实例分析

3.2.1 信号的时移、反折和尺度变换

信号的时移、反折和尺度变换是针对自变量时间而言的，其数学表达式与波形变化之间存在一定的变化规律。

信号 $f(t)$ 的时移就是将信号数学表达式中的自变量 t 用 $t \pm t_0$ 替换，其中 t_0 为正实数。因此，波形的时移变换是将原来的 $f(t)$ 波形在时间轴上向左或者向右移动。$f(t + t_0)$ 为 $f(t)$ 波形向左移动 t_0；$f(t - t_0)$ 为 $f(t)$ 波形向右移动 t_0。信号 $f(t)$ 的反折就是将表达式中的自变量 t 用 $-t$ 替换。波形变换后，$f(-t)$ 的波形是原来的 $f(t)$ 相对于纵轴的镜像。信号 $f(t)$ 的尺度变换就是将表达式中的自变量 t 用 at 替换，其中，a 为正实数。对应于波形的变换，则是将原来的 $f(t)$ 波形以原点为基准压缩（$a>1$）至原来的 $1/a$，或者扩展（$0<a<1$）至原来的 $1/a$。

综合上述三种情况，如果将信号 $f(t)$ 的自变量 t 用 $at \pm t_0$ 替换，其中，a、t_0 为实数，则 $f(at + t_0)$ 相对于 $f(t)$ 或者扩展（$|a|<1$）或者压缩（$|a|>1$）；或者反折（$a<0$）或者时移（$t_0 \neq 0$），而波形仍保持与原 $f(t)$ 相似的形状。利用 MATLAB 可方便直观地观察和分析信号的时移、反折和尺度变换对信号波形的影响。

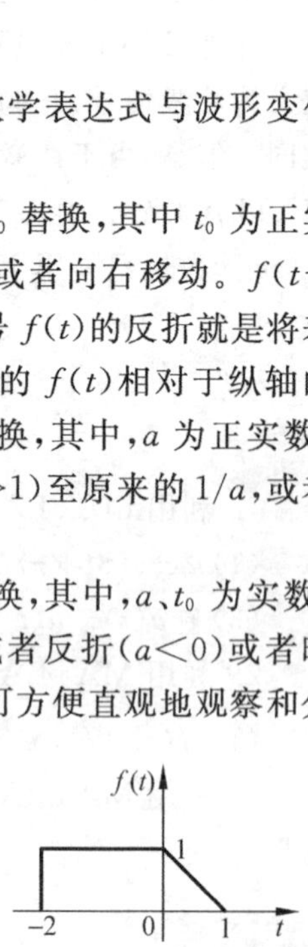

【实例 3-1】 已知信号 $f(t)$ 的波形如图 3-1 所示，试用 MATLAB 命令画出 $f(t-2)$、$f(3t)$、$f(-t)$、$f(-3t-2)$ 的波形图。

解：根据图 3-1 中 $f(t)$ 的波形，先建立 $f(t)$ 函数，即在 MATLAB 的 work 目录下创建 funct1. m 文件，MATLAB 源程序为

图 3-1 $f(t)$ 的波形

```
function f=funct1(t)
f=uCT(t+2)-uCT(t)+(-t+1).*(uCT(t)-uCT(t-1));
```

然后,可调用上述函数来绘制所求的信号波形。MATLAB 源程序为

```
>>t=-2:0.01:4;
>>ft1=funct1(t-2);
>>ft2=funct1(3*t);
>>ft3=funct1(-t);
>>ft4=funct1(-3*t-2);
>>subplot(221)
>>plot(t,ft1);grid on;
>>title('f(t-2)');
>>axis([-2 4 -0.5 2])
>>subplot(222)
>>plot(t,ft2);grid on;
>>title('f(3t)');
>>axis([-2 4 -0.5 2]);
>>subplot(223)
>>plot(t,ft3);grid on;
>>title('f(-t)');
>>axis([-2 4 -0.5 2]);
>>subplot(224)
>>plot(t,ft4);grid on
>>title('f(-3t-2)');
>>axis([-2 4 -0.5 2]);
```

程序运行后,产生如图 3-2 所示的波形。

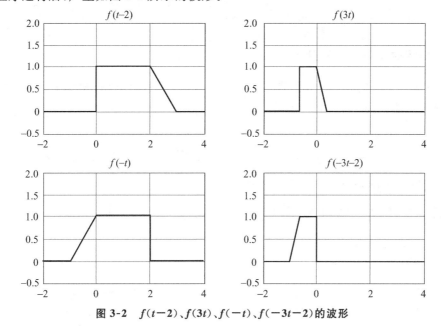

图 3-2　$f(t-2)$、$f(3t)$、$f(-t)$、$f(-3t-2)$ 的波形

3.2.2 连续时间信号的微分与积分运算

在第 1 章中已经提到,MATLAB 符号运算工具箱有着强大的求导和积分运算功能,下面分别加以探讨。

1. 连续时间信号的微分运算

对于连续时间信号,其微分运算如果用符号表达式来表示,则用 diff 命令函数可完成求导运算,其语句格式为

```
diff(function,'variable',n)
```

其中,function 表示需要进行求导运算的函数,或者被赋值的符号表达式;variable 为求导运算的独立变量;n 为求导阶数,默认值为求一阶导数。

【**实例 3-2**】 用 MATLAB 命令求下列函数关于变量 x 的一阶导数。

(1) $y_1 = \sin(ax^2)$ (2) $y_2 = x\sin x\ln x$

解:MATLAB 源程序为

```
>>clear
>>syms a x y1 y2
>>y1=sin(a * x^2);
>>y2=x * sin(x) * log(x);
>>dy1=diff(y1,'x')
dy1=
    2 * cos(a * x^2) * a * x
>>dy2=diff(y2)
dy2=
    sin(x) * log(x)+x * cos(x) * log(x)+sin(x)
```

2. 连续时间信号的积分运算

连续时间信号的积分运算如果用符号表达式来表示,则用 int 命令函数可完成积分运算,其语句格式为

```
int(function,'variable',a,b)
```

其中,function 表示被积函数,或者被赋值的符号表达式;variable 为积分变量;a 为积分下限、b 为积分上限;a 和 b 默认时则求不定积分。

【**实例 3-3**】 用 MATLAB 命令计算不定积分 $\int \left(x^5 - ax^2 + \dfrac{\sqrt{x}}{2} \right) \mathrm{d}x$。

解:MATLAB 源程序为

```
>>clear
>>syms a x y3
>>y3=x^5-a * x^2+sqrt(x)/2;
```

```
>>int(y3,'x')
ans=
    1/6 * x^6-1/3 * a * x^3+1/3 * x^(3/2)
```

【实例 3-4】　用 MATLAB 命令计算定积分 $\int_0^1 \dfrac{x\mathrm{e}^x}{(1+x)^2}\mathrm{d}x$。

解：MATLAB 源程序为

```
>>clear
>>syms x y4
>>y4=(x * exp(x))/(1+x)^2;
>>int(y4,0,1)
ans=
    1/2 * exp(1)-1
```

3.2.3　信号的相加与相乘运算

信号的相加与相乘是指在同一时刻信号取值的相加与相乘。因此，MATLAB 对于时间信号的相加与相乘都是基于向量的点运算。

【实例 3-5】　已知 $f_1(t)=\sin\Omega t$，$f_2(t)=\sin 8\Omega t$，试用 MATLAB 命令绘出 $f_1(t)+f_2(t)$ 和 $f_1(t)f_2(t)$ 的波形图，其中，$f=\dfrac{\Omega}{2\pi}=1\,\mathrm{Hz}$。

解：为了便于直观观察，给波形增加了包络线，MATLAB 源程序为

```
>>f=1;
>>t=0: 0.01: 3/f;
>>f1=sin(2 * pi * f * t);
>>f2=sin(2 * pi * 8 * f * t);
>>subplot(211)
>>plot(t,f1+1,':',t,f1-1,':',t,f1+f2)
>>grid on,title('f1(t)+f2(t))')
>>subplot(212)
>>plot(t,f1,': ',t,-f1,': ',t,f1. * f2)
>>grid on,title('f1(t) * f2(t))')
```

波形如图 3-3 所示。

3.2.4　信号的奇偶分解

任何一个函数都可以分解为一个偶函数分量与一个奇函数分量之和的形式，即
$$f(t) = f_e(t) + f_o(t)$$
其中，

$$f_e(t) = \frac{1}{2}\left[f(t) + f(-t)\right]$$

$$f_o(t) = \frac{1}{2}\left[f(t) - f(-t)\right]$$

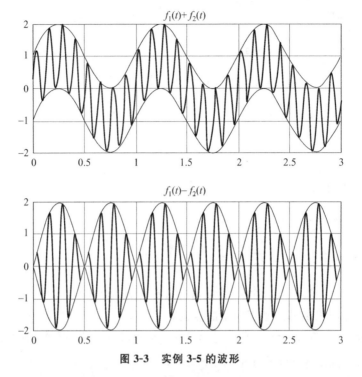

图 3-3 实例 3-5 的波形

从波形角度看,求信号的偶分量和奇分量时,首先是将信号进行反折,得到 $f(-t)$,然后与原信号 $f(t)$ 进行相加减,再除以 2,即可分别得到偶分量 $f_e(t)$ 和奇分量 $f_o(t)$。

【实例 3-6】 已知 $f(t)$ 的波形如图 3-4 所示,用 MATLAB 命令画出 $f(t)$ 的奇分量和偶分量。

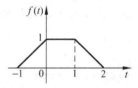

图 3-4 例 3-6 信号的波形

解:从图 3-4 中 $f(t)$ 的波形知

$$f(t) = (t+1)[u(t+1) - u(t)] + [u(t) - u(t-1)]$$
$$+ (2-t)[u(t-1) - u(t-2)]$$
$$= (t+1)u(t+1) - tu(t) - (t-1)u(t-1) + (t-2)u(t-2)$$

根据奇分量和偶分量的公式,可先求出反折信号 $f(-t)$。为图形直观起见,取时间为左右对称,本例取 $t = -3 : 0.01 : 3$。这样,反折信号 $f(-t)$ 的获得只要将 $f(t)$ 取样值左右对换就可以了,即用 MATLAB 语句 x1 = fliplr(x) 实现信号反折。信号奇偶分解的 MATLAB 源程序为

```
>>t=-3: 0.01: 3;
>>f=(t+1).* uCT(t+1)-t.* uCT(t)-(t-1).* uCT(t-1)+(t-2).* uCT(t-2);
>>subplot(311),plot(t,f);grid on
>>axis([-3,3,0,1.2]),title('f(t)')
>>f1=fliplr(f);
>>fe=(f+f1)/2;fo=(f-f1)/2;
>>subplot(312),plot(t,fe);grid on
>>axis([-3,3,0,1.2]),title('fe(t)')
```

```
>>subplot(313),plot(t,fo);grid on
>>axis([-3,3,-0.6,0.6]),title('fo(t)')
```

奇偶信号波形如图 3-5 所示。

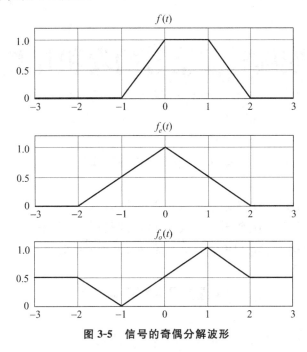

图 3-5 信号的奇偶分解波形

3.3 编 程 练 习

1. 试用 MATLAB 命令绘出以下信号的波形图。

(1) $x_1(t) = e^{-t}\sin(10\pi t) + e^{-\frac{1}{2}t}\sin(9\pi t)$　　　(2) $x_2(t) = \text{sinc}(t)\cos(10\pi t)$

2. 已知连续时间信号 $f(t)$ 的波形如图 3-6 所示,试用 MATLAB 命令画出下列信号的波形图。

(1) $f(t-1)$　　　　(2) $f(2-t)$　　　　　(3) $f(2t+1)$

(4) $f(4-t/2)$　　　(5) $[f(t)+f(-t)]u(t)$

3. 试用 MATLAB 命令绘出如图 3-7 所示信号的偶分量和奇分量。

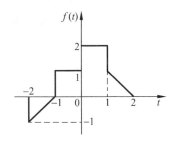

图 3-6 信号 $f(t)$ 的波形

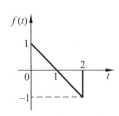

图 3-7 信号 $f(t)$ 的波形图

第 4 章

连续时间信号的卷积计算

4.1 实验目的

- 学会运用 MATLAB 实现连续时间信号的卷积；
- 学会运用 MATLAB 符号运算法求连续时间信号的卷积；
- 学会运用 MATLAB 数值计算法求连续时间信号的卷积。

4.2 实验原理及实例分析

卷积积分是信号与系统时域分析中的重要方法之一。连续时间信号的卷积积分定义为

$$f(t) = f_1(t) * f_2(t) = \int_{-\infty}^{\infty} f_1(\tau) f_2(t-\tau) \mathrm{d}\tau \tag{4-1}$$

MATLAB 进行卷积计算可以通过符号运算方法和数值计算方法来实现。下面分别加以探讨。

4.2.1 MATLAB 符号运算法求连续时间信号的卷积

从卷积积分的定义出发，可以利用 MATLAB 符号运算法来求卷积积分。但是要注意积分变量和积分限的选取。

【实例 4-1】 试用 MATLAB 符号运算法求卷积积分 $y(t) = \mathrm{e}^{-\frac{t}{T}} u(t) * \mathrm{e}^{-t} u(t)$。

解：按照卷积定义，利用 MATLAB 符号运算方法求解，MATLAB 源程序为

```
>>syms T t tao
>>xt1=exp(-t);
>>xt2=exp(-t/T);
>>xt_tao=subs(xt1,t,tao) * subs(xt2,t,t-tao);
>>yt=int(xt_tao,tao,0,t);
>>yt=simplify(yt)
yt=
    -T * (exp(-t)-exp(-t/T))/(T-1)
```

【实例 4-2】　试用 MATLAB 符号运算法求卷积 $y(t)=[u(t)-u(t-1)] * [u(t)-u(t-1)]$。

解： MATLAB 源程序为

```
>>syms tao;
>>t=sym('t','positive');
% 把 t 定义为限定性符号变量
>>xt1=sym('Heaviside(t)-Heaviside(t-1)');
>>xt2=sym('Heaviside(t)-Heaviside(t-1)');
>>xt_tao=subs(xt1,t,tao) * subs(xt2,t,t-
tao);
>>yt=int(xt_tao,tao,0,t);
>>yt=simplify(yt);
>>ezplot(yt,[0,2]),grid on
```

程序运行结果如图 4-1 所示。

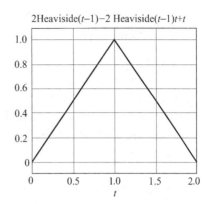

图 4-1　实例 4-2 的卷积结果

4.2.2　MATLAB 数值计算法求连续时间信号的卷积

用 MATLAB 分析连续时间信号,还可通过时间间隔取足够小的离散时间信号的数值计算法来实现的。可调用 MATLAB 中的 conv( )函数近似地数值求解连续信号的卷积积分。如果对连续时间信号 $f_1(t)$ 和 $f_2(t)$ 进行等时间间隔 Δ 均匀抽样,则 $f_1(t)$ 和 $f_2(t)$ 分别变为离散序列 $f_1(m\Delta)$ 和 $f_2(m\Delta)$。其中,m 为整数。当 Δ 足够小时,$f_1(m\Delta)$ 和 $f_2(m\Delta)$ 即为连续时间信号 $f_1(t)$ 和 $f_2(t)$。因此连续时间信号的卷积积分运算转化为

$$f(t) = f_1(t) * f_2(t) = \int_{-\infty}^{\infty} f_1(\tau) f_2(t-\tau)\mathrm{d}\tau$$

$$= \lim_{\Delta \to 0} \sum_{m=-\infty}^{\infty} f_1(m\Delta) \cdot f_2(t-m\Delta) \cdot \Delta \qquad (4\text{-}2)$$

采用数值计算法,只求当 $t=n\Delta$ 时卷积积分 $f(t)$ 的值 $f(n\Delta)$,其中,n 为整数,即

$$f(n\Delta) = \sum_{m=-\infty}^{\infty} f_1(m\Delta) \cdot f_2(n\Delta - m\Delta) \cdot \Delta$$

$$= \Delta \sum_{m=-\infty}^{\infty} f_1(m\Delta) \cdot f_2[(n-m)\Delta] \qquad (4\text{-}3)$$

其中,$\sum_{m=-\infty}^{\infty} f_1(m\Delta) \cdot f_2[(n-m)\Delta]$ 实际上就是离散序列 $f_1(m\Delta)$ 和 $f_2(m\Delta)$ 的卷积和。当 Δ 足够小时,$f(n\Delta)$ 就是卷积积分的结果,即对连续时间信号 $f(t)$ 的较好数值近似。当 Δ 足够小时,有

$$f(t) \approx f(n\Delta) = \Delta[f_1(n) * f_2(n)] \qquad (4\text{-}4)$$

式 4-4 表明,通过 MATLAB 实现连续信号 $f_1(t)$ 和 $f_2(t)$ 的卷积,可以利用各自抽样后的离散时间序列的卷积再乘上抽样间隔 Δ。抽样间隔 Δ 越小,误差也就越小。

【实例 4-3】　用 MATLAB 数值计算分析法求信号 $f_1(t)=u(t)-u(t-2)$ 与 $f_2(t)=$

$e^{-3t}u(t)$ 的卷积积分。

解：因为 $f_2(t)=e^{-3t}u(t)$ 是一个持续时间无限长的信号，而计算机数值计算不可能计算真正的无限长时间信号，所以在进行 $f_2(t)$ 的抽样离散化时，所取的时间范围让 $f_2(t)$ 衰减到足够小就可以了，本例取 $t=2.5$。MATLAB 源程序为

```
>>dt=0.01;t=-1: dt: 2.5;
>>f1=uCT(t)-uCT(t-2);
>>f2=exp(-3*t).*uCT(t);
>>f=conv(f1,f2)*dt;n=length(f);tt=(0: n-1)*dt-2;
>>subplot(221),plot(t,f1),grid on;
>>axis([-1,2.5,-0.2,1.2]); title('f1(t)');xlabel('t')
>>subplot(222),plot(t,f2),grid on;
>>axis([-1,2.5,-0.2,1.2]);title('f2(t)');xlabel('t')
>>subplot(212),plot(tt,f);grid on;
>>title('f(t)=f1(t)*f2(t)');xlabel('t')
```

程序运行后，产生如图 4-2 所示的波形。

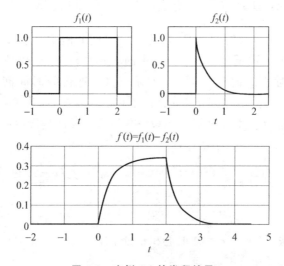

图 4-2 实例 4-3 的卷积结果

由于 $f_1(t)$ 和 $f_2(t)$ 的时间范围都是从 $t=-1$ 开始，所以卷积结果的时间范围从 $t=-2$ 开始，增量还是取样间隔 Δ，这就是上面 MATLAB 语句 tt=(0：n-1)*d-2 的由来。

对于时限信号的卷积运算，还可利用 MATLAB 中的 function 命令建立一个实用函数来求卷积。例如，可以建立连续时间信号卷积运算的函数 ctsconv. m，其 MATLAB 源程序为

```
function[f,t]=ctsconv(f1,f2,t1,t2,dt)
f=conv(f1,f2);
f=f*dt;
ts=min(t1)+min(t2);
te=max(t1)+max(t2);
```

```
t=ts：dt：te;
subplot(221)
plot(t1,f1);grid on;
axis([min(t1),max(t1),min(f1)-abs(min(f1)*0.2),max(f1)+abs(max(f1)*0.2)])
title('f1(t)');xlabel('t')
subplot(222)
plot(t2,f2);grid on;
axis([min(t2),max(t2),min(f2)-abs(min(f2)*0.2),max(f2)+abs(max(f2)*0.2)])
title('f2(t)');xlabel('t')
subplot(212)
plot(t,f);grid on;
axis([min(t),max(t),min(f)-abs(min(f)*0.2),max(f)+abs(max(f)*0.2)])
title('f(t)=f1(t)*f2(t)');xlabel('t')
```

对于实例 4-3,可利用上面定义的 ctsconv 函数来求得,MATLAB 源程序为

```
>>dt=0.01;t1=-1：dt：2.5;
>>f1=uCT(t1)-uCT(t1-2);
>>t2=t1;
>>f2=exp(-3*t2).*uCT(t2);
>>[t,f]=ctsconv(f1,f2,t1,t2,dt);
```

程序运行后,得到的波形图与图 4-2 一样。

【**实例 4-4**】　试用 MATLAB 数值计算法求实例 4-2 中函数的卷积。

解：利用 ctsconv 函数来实现,MATLAB 源程序为

```
>>dt=0.01;t1=-0.5：dt：1.5;
>>f1=uCT(t1)-uCT(t1-1);
>>t2=t1;
>>f2=uCT(t2)-uCT(t2-1);
>>[t,f]=ctsconv(f1,f2,t1,t2,dt);
```

程序运行结果如图 4-3 所示,结果与图 4-1 显示的卷积结果相同。

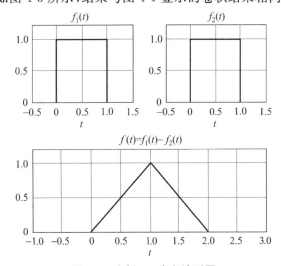

图 4-3　实例 4-4 卷积波形图

4.3 编程练习

1. 用 MATLAB 命令绘出下列信号的卷积积分 $f_1(t) * f_2(t)$ 的时域波形图。

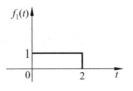
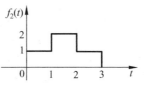

图 4-4 练习 1 的已知信号波形图

第5章

连续时间 LTI 系统的时域分析

5.1 实 验 目 的

- 学会运用 MATLAB 符号求解连续系统的零输入响应和零状态响应;
- 学会运用 MATLAB 数值求解连续系统的零状态响应;
- 学会运用 MATLAB 求解连续系统的冲激响应和阶跃响应;
- 学会运用 MATLAB 卷积积分法求解系统的零状态响应。

5.2 实 验 原 理 及 实 例 分 析

5.2.1 连续时间系统零输入响应和零状态响应的符号求解

LTI 连续系统可用线性常系数微分方程来描述,即

$$\sum_{i=0}^{N} a_i y^{(i)}(t) = \sum_{j=0}^{M} b_j f^{(j)}(t)$$

其中,$a_i(i=0,1,\cdots,N)$ 和 $b_j(j=0,1,\cdots,M)$ 为实常数。该系统的完全响应由零输入响应和零状态响应两部分组成。零输入响应是指输入信号为 0,仅由系统的起始状态作用所引起的响应,通常用 $y_{zi}(t)$ 表示;零状态响应是指系统在起始状态为 0 的条件下,仅由激励信号作用所引起的响应,通常用 $y_{zs}(t)$ 表示。

MATLAB 符号工具箱提供了 dsolve 函数,可实现常系数微分方程的符号求解,其调用格式为

```
dsolve('eq1,eq2,...','cond1,cond2,...','v')
```

其中,参数 eq1、eq2、... 表示各微分方程,它与 MATLAB 符号表达式的输入基本相同,微分或导数的输入是用 Dy、D2y、D3y、…来表示 y 的一阶导数 y'、二阶导数 y''、三阶导数 y'''、…;参数 cond1、cond2、…表示各初始条件或起始条件;参数 v 表示自变量,默认为是变量 t。可利用 dsolve 函数来求解系统微分方程的零输入响应和零状态响应,进而求出完全响应。

【实例 5-1】 试用 MATLAB 命令求齐次微分方程 $y'''(t)+2y''(t)+y'(t)=0$ 的零输入响应,已知起始条件为 $y(0_-)=1,y'(0_-)=1,y''(0_-)=2$。

解：MATLAB 源程序为

```
>>eq='D3y+2*D2y+Dy=0';                    %定义符号微分方程表达式
>>cond='y(0)=1,Dy(0)=1,D2y(0)=2';        %初始条件
>>ans=dsolve(eq,cond);simplify(ans)
ans=
    5-4*exp(-t)-3*exp(-t)*t
```

在求解该微分方程的零输入响应过程中，0_- 到 0_+ 是没有跳变的，因此，程序中初始条件选择 $t=0$ 时刻，即 cond$='y(0)=1,Dy(0)=1,D2y(0)=2'$。

【实例 5-2】 已知输入 $x(t)=u(t)$，试用 MATLAB 命令求解微分方程 $y'''(t)+4y''(t)+8y'(t)=3x'(t)+8x(t)$ 的零状态响应。

解：依题意，可理解为求解给定的两个方程，即
$$
\begin{cases}
y'''(t)+4y''(t)+8y'(t)=3x'(t)+8x(t) \\
x(t)=u(t)
\end{cases}
$$

其 MATLAB 源程序为

```
>>eq1='D3y+4*D2y+8*Dy=3*Dx+8*x';          %定义符号微分方程表达式
>>eq2='x=Heaviside(t)';
>>cond='y(-0.01)=0,Dy(-0.01)=0,D2y(-0.01)=0';    %起始条件
>>ans=dsolve(eq1,eq2,cond);simplify(ans.y)
ans=
    1/8*heaviside(t)*(exp(-2*t)*cos(2*t)-3*exp(-2*t)*sin(2*t)-1+8*t)
```

使用 dsolve 求解零状态响应和零输入响应时，起始条件的时刻是不同的，不能选择 $t=0$ 时刻，程序中选择了 $t=-0.01$ 时刻。如果用 cond$='y(0)=0,Dy(0)=0,D2y(0)=0'$ 定义起始条件，则实际上是定义了初始条件 $y(0_+)=0$，$y'(0_+)=0$，$y''(0_+)=0$，因此，得出错误的结论。还须注意，本例中 dsolve 的解答是 $x(t)$ 和 $y(t)$，必须用 ans.y 取出 $y(t)$。

【实例 5-3】 试用 MATLAB 命令求解微分方程 $y''(t)+3y'(t)+2y(t)=x'(t)+3x(t)$，当输入 $x(t)=e^{-3t}u(t)$，起始条件为 $y(0_-)=1$、$y'(0_-)=2$ 时系统的零输入响应，零状态响应及完全响应。

解：求得零输入和零状态响应后，完全响应则为二者之和。MATLAB 源程序为

```
>>eq='D2y+3*Dy+2*y=0';                    % 齐次解求零输入响应
>>cond='y(0)=1,Dy(0)=2';
>>yzi=dsolve(eq,cond);yzi=simplify(yzi)
yzi=
    -3*exp(-2*t)+4*exp(-t)
>>eq1='D2y+3*Dy+2*y=Dx+3*x';              % 零状态响应求解
>>eq2='x=exp(-3*t)*Heaviside(t)';
>>cond='y(-0.001)=0,Dy(-0.001)=0';        % 起始条件
>>yzs=dsolve(eq1,eq2,cond);yzs=simplify(yzs.y)
yzs=
```

```
        -heaviside(t)*(exp(-2*t)-exp(-t))
>>yt=simplify(yzi+yzs)
yt=
        -3*exp(-2*t)+4*exp(-t)-exp(-2*t)*heaviside(t)+heaviside(t)*exp(-t)
```

　　利用符号求解出零输入响应、零状态响应及完全响应后,可利用 ezplot 命令绘出它们的波形,以便观察。例如,可以分别绘出实例 5-3 的零输入响应、零状态响应及完全响应,其 MATLAB 源程序为

```
>>subplot(311)
>>ezplot(yzi,[0,8]);grid on
>>title('零输入响应')
>>subplot(312)
>>ezplot(yzs,[0,8]);grid on
>>title('零状态响应')
>>subplot(313)
>>ezplot(yt,[0,8]);grid on
>>title('完全响应')
```

　　注意,程序中绘图的时间区间一定要 $t>0$。本程序中取 $[0,8]$。程序运行后结果如图 5-1 所示。

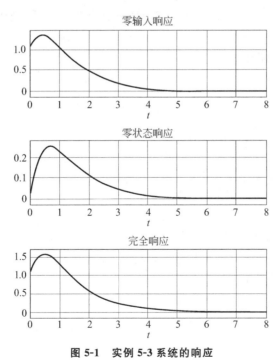

图 5-1　实例 5-3 系统的响应

5.2.2　连续时间系统零状态响应的数值求解

　　前面叙述了符号求解系统微分方程的方法,实际工程中用得较多的方法是数值求解

微分方程。下面主要讨论零状态响应的数值求解。而零输入响应的数值求解可通过函数 initial 来实现,initial 函数中的参量必须是状态变量所描述的系统模型,此处不作说明。对于零状态响应,MATLAB 控制系统工具箱提供了对 LTI 系统的零状态响应进行数值仿真的函数 lsim,该函数可求解零初始条件下微分方程的数值解,语句格式为

```
y=lsim(sys,f,t)
```

其中,t 表示计算系统响应的时间抽样点向量;f 是系统的输入信号向量;sys 表示 LTI 系统模型,用来表示微分方程、差分方程或状态方程。在求微分方程时,sys 是由 MATLAB 的 tf 函数根据微分方程系数生成的系统函数对象,其语句格式为

```
sys=tf(b,a)
```

其中,b 和 a 分别为微分方程右端和左端的系数向量。例如,对于微分方程
$$a_3 y'''(t) + a_2 y''(t) + a_1 y'(t) + a_0 y(t) = b_3 f'''(t) + b_2 f''(t) + b_1 f'(t) + b_0 f(t)$$
可用 $a=[a_3, a_2, a_1, a_0]$;$b=[b_3, b_2, b_1, b_0]$;sys$=$tf(b,a) 获得其 LTI 模型。注意,如果微分方程的左端或右端表达式中有缺项,则其向量 a 或 b 中的对应元素应为 0,不能省略不写,否则会出错。

【实例 5-4】 已知某 LTI 系统的微分方程为
$$y''(t) + 5y'(t) + 6y(t) = 6f(t)$$
其中,$f(t)=10\sin(2\pi t)u(t)$。试用 MATLAB 命令绘出 $0 \leqslant t \leqslant 5$ 范围内系统零状态响应 $y(t)$ 的波形图。

解:MATLAB 源程序为

```
>>ts=0;te=5;dt=0.01;
>>sys=tf([6],[1,5,6]);
>>t=ts: dt: te;
>>f=10 * sin(2 * pi * t). * uCT(t);
>>y=lsim(sys,f,t);
>>plot(t,y),grid on
>>xlabel('Time(sec)'),ylabel('y(t)')
>>title('零状态响应')
```

其响应波形如图 5-2 所示。

【实例 5-5】 试用 MATLAB 数值求解实例 5-3 中系统的零状态响应。

解:MATLAB 源程序为

```
>>ts=0;te=8;dt=0.01;
>>sys=tf([1,3],[1,3,2]);
>>t=ts: dt: te;
>>f=exp(-3 * t). * uCT(t);
>>y=lsim(sys,f,t);
>>plot(t,y),grid on;
>>axis([0 8 -0.02 0.27])
>>xlabel('Time(sec)'),ylabel('y(t)')
```

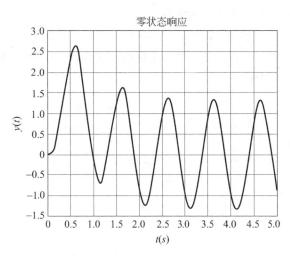

图 5-2　实例 5-4 系统的零状态响应

```
>>title('零状态响应')
```

在 MATLAB 数值求解的方法中，激励信号的运算用到了前面定义的阶跃信号 uCT 函数，并且采用的是点乘运算。程序运行结果如图 5-3 所示，与图 5-1 中的零状态响应相比较，不难发现结果相同。

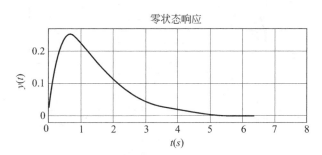

图 5-3　数值解法求解零状态响应

5.2.3　连续时间系统冲激响应和阶跃响应的求解

在连续时间 LTI 系统中，冲激响应和阶跃响应是系统特性的描述，对它们的分析是线性系统中极为重要的问题。输入为单位冲激函数 $\delta(t)$ 所引起的零状态响应称为单位冲激响应，简称冲激响应，用 $h(t)$ 表示；输入为单位阶跃函数 $u(t)$ 所引起的零状态响应称为单位阶跃响应，简称阶跃响应，用 $g(t)$ 表示。

在 MATLAB 中，对于连续 LTI 系统的冲激响应和阶跃响应的数值解，可分别用控制系统工具箱提供的函数 impulse 和 step 来求解。其语句格式分别为

```
y=impulse(sys,t)
y=step(sys,t)
```

其中，t 表示计算系统响应的时间抽样点向量，sys 表示 LTI 系统模型。

【**实例 5-6**】 已知某 LTI 系统的微分方程为

$$y''(t) + 2y'(t) + 32y(t) = f'(t) + 16f(t)$$

试用 MATLAB 命令绘出 $0 \leqslant t \leqslant 4$ 范围内系统的冲激响应 $h(t)$ 和阶跃响应 $g(t)$。

解：MATLAB 源程序为

```
>>t=0：0.001：4;
>>sys=tf([1,16],[1,2,32]);
>>h=impulse(sys,t);                %冲激响应
>>g=step(sys,t);                   %阶跃响应
>>subplot(211)
>>plot(t,h),grid on
>>xlabel('Time(sec)'),ylabel('h(t)')
>>title('冲激响应')
>>subplot(212)
>>plot(t,g),grid on
>>xlabel('Time(sec)'),ylabel('g(t)')
>>title('阶跃响应')
```

其响应波形如图 5-4 所示。

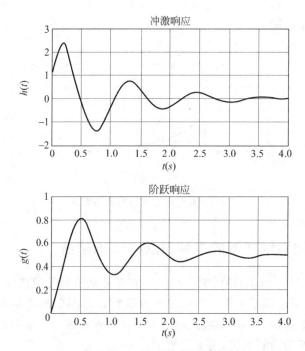

图 5-4 实例 5-6 的冲激响应和阶跃响应

5.2.4 利用卷积积分法求系统的零状态响应

由卷积积分公式可以得出，LTI 系统对于任意输入信号的零状态响应，可由系统的

单位冲激响应与输入信号的卷积积分得到。卷积积分提供了求系统零状态响应的另一途径,利用 MATLAB 可以方便计算。卷积积分还是联系时域和频域的基本概念,建立了信号与系统的时域和频域之间的关系,同时将系统分析的时域方法、傅里叶变换方法和拉普拉斯变换方法统一起来。

【实例 5-7】 已知某 LTI 系统的微分方程为

$$y''(t) + 2y'(t) + 32y(t) = f'(t) + 16f(t)$$

其中,$f(t) = e^{-2t}$。试利用 MATLAB 卷积积分法绘出系统零状态响应 $y(t)$ 的波形图。

解:利用卷积积分法求解。从实例 5-6 中可以看出,系统的冲激响应 $h(t)$ 并不是时限信号,且激励信号 $f(t)$ 也不是时限信号,但可设置一定的时间范围使 $f(t)$ 和 $h(t)$ 衰减到足够小,从而近似地求出零状态响应。本例中取 $t = [0, 4]$。MATLAB 源程序为

```
>>dt=0.01;t1=0: dt: 4;
>>f1=exp(-2 * t1);
>>t2=t1;
>>sys=tf([1,16],[1,2,32]);
>>f2=impulse(sys,t2);
>>[t,f]=ctsconv(f1,f2,t1,t2,dt);
```

程序运行结果如图 5-5 所示,程序中调用了第 4 章提到的 ctsconv 函数。

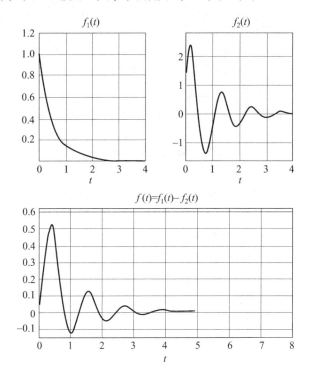

图 5-5 卷积积分法求解零状态响应

也可以用前面提到的 lsim 函数来求解,MATLAB 源程序为

```
>>ts=0;te=4;dt=0.01;
```

```
>>sys=tf([1,16],[1,2,32]);
>>t=ts: dt: te;
>>f=exp(-2*t1);
>>y=lsim(sys,f,t);
>>plot(t,y),grid on
>>xlabel('Time(sec)'),ylabel('y(t)')
>>title('零状态响应')
```

程序运行结果如图 5-6 所示,与图 5-5 比较可知,通过卷积积分法计算零状态响应,其结果与直接计算的结果相同。

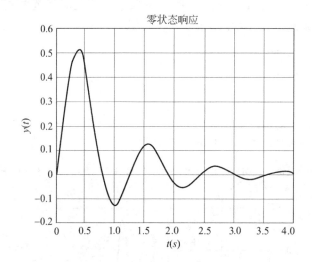

图 5-6   直接数值解法求解零状态响应

5.3   编 程 练 习

1. 已知系统的微分方程和激励信号 $f(t)$ 如下,试用 MATLAB 命令绘出系统零状态响应的时域仿真波形图。

(1) $y''(t)+4y'(t)+3y(t)=f(t)$;$f(t)=u(t)$;

(2) $y''(t)+4y'(t)+4y(t)=f'(t)+3f(t)$,$f(t)=e^{-t}u(t)$。

2. 已知系统的微分方程如下,试用 MATLAB 命令求系统冲激响应和阶跃响应的数值解,并绘出系统冲激响应和阶跃响应的时域波形图。

(1) $y''(t)+3y'(t)+2y(t)=f(t)$;

(2) $y''(t)+2y'(t)+2y(t)=f'(t)$。

第6章

周期信号的傅里叶级数及频谱分析

6.1 实验目的

- 学会运用 MATLAB 分析傅里叶级数展开,深入理解傅里叶级数的物理含义;
- 学会运用 MATLAB 分析周期信号的频谱特性。

6.2 实验原理及实例分析

6.2.1 周期信号的傅里叶级数

设周期信号 $f(t)$,其周期为 T,角频率为 $\omega_0 = 2\pi f_0 = \dfrac{2\pi}{T}$,则该信号可展开为三角形式的傅里叶级数,即

$$f(t) = a_0 + a_1\cos\omega_0 t + a_2\cos 2\omega_0 t + \cdots + b_1\sin\omega_0 t + b_2\sin 2\omega_0 t + \cdots$$

$$= a_0 + \sum_{n=1}^{\infty} (a_n\cos n\omega_0 t + b_n\sin n\omega_0 t) \tag{6-1}$$

其中,各正弦项与余弦项的系数 a_n、b_n 称为傅里叶系数,根据函数的正交性,得

$$\begin{cases} a_0 = \dfrac{1}{T}\displaystyle\int_{t_0}^{t_0+T} f(t)\,\mathrm{d}t \\[2mm] a_n = \dfrac{2}{T}\displaystyle\int_{t_0}^{t_0+T} f(t)\cos n\omega_0 t\,\mathrm{d}t \\[2mm] b_n = \dfrac{2}{T}\displaystyle\int_{t_0}^{t_0+T} f(t)\sin n\omega_0 t\,\mathrm{d}t \end{cases} \tag{6-2}$$

其中,$n=1,2,\cdots$。积分区间 (t_0, t_0+T) 通常取为 $(0, T)$ 或 $\left(-\dfrac{T}{2}, \dfrac{T}{2}\right)$。若将式 6-2 中同频率项合并,还可改写为

$$f(t) = A_0 + \sum_{n=1}^{\infty} A_n\cos(n\omega_0 t + \varphi_n) \tag{6-3}$$

比较式 6-1 和式 6-3,可得出傅里叶级数中各系数间的关系为

$$\begin{cases} A_0 = a_0 \\ A_n = \sqrt{a_n^2 + b_n^2} \\ \varphi_n = -\arctan \dfrac{b_n}{a_n} \\ (n = 1, 2, \cdots) \end{cases} \quad \begin{cases} a_0 = A_0 \\ a_n = A_n \cos\varphi_n \\ b_n = -A_n \sin\varphi_n \\ (n = 1, 2, \cdots) \end{cases} \tag{6-4}$$

从物理概念上来说，式 6-3 中的 A_0 即是信号 $f(t)$ 的直流分量；式中第二项 $A_1\cos(\omega_0 t + \varphi_1)$ 称为信号 $f(t)$ 的基波或基波分量，它的角频率与原周期信号相同；式中第三项 $A_2\cos(2\omega_0 t + \varphi_2)$ 称为信号 $f(t)$ 的二次谐波，它的频率是基波频率的二倍；依此类推。一般而言，$A_n\cos(n\omega_0 t + \varphi_n)$ 称为信号 $f(t)$ 的 n 次谐波；n 比较大的那些分量统称为高次谐波。

我们还常用到复指数形式的傅里叶级数。设周期信号 $f(t)$，其周期为 T，角频率为 $\omega_0 = 2\pi f_0 = \dfrac{2\pi}{T}$，该信号复指数形式的傅里叶级数为

$$f(t) = \sum_{n=-\infty}^{\infty} F_n e^{jn\omega_0 t} \tag{6-5}$$

其中，

$$F_n = \frac{1}{T} \int_{-\frac{T}{2}}^{\frac{T}{2}} f(t) e^{jn\omega_0 t} dt, \quad n = 0, \pm 1, \pm 2, \cdots \tag{6-6}$$

称为复指数形式傅里叶级数系数。利用 MATLAB 可直观地观察和分析周期信号傅里叶级数及其收敛性。

【实例 6-1】 周期方波信号如图 6-1 所示，试求出该信号的傅里叶级数，利用 MATLAB 编程实现其各次谐波的叠加，并验证其收敛性。

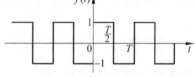

图 6-1　周期方波信号

解： 从理论分析可知，已知周期方波信号的傅里叶级数展开式为

$$f(t) = \frac{4A}{\pi} \left(\sin\omega_0 t + \frac{1}{3}\sin 3\omega_0 t + \frac{1}{5}\sin 5\omega_0 t + \frac{1}{7}\sin 7\omega_0 t + \frac{1}{9}\sin 9\omega_0 t + \cdots \right)$$

取 $A=1$，$T=1$，可分别求出 1、3、5、11、47 项傅里叶级数求和的结果，其 MATLAB 源程序为

```
>>t=-1: 0.001: 1;
>>omega=2*pi;
>>y=square(2*pi*t,50);
>>plot(t,y),grid on
>>xlabel('t'),ylabel('周期方波信号')
>>axis([-1 1 -1.5 1.5])
>>n_max=[1 3 5 11 47];
>>N=length(n_max);
>>for k=1: N
        n=1: 2: n_max(k);
        b=4./(pi*n);
        x=b*sin(omega*n'*t);
```

```
figure;
plot(t,y);
hold on;
plot(t,x);
hold off;
xlabel('t'),ylabel('部分和的波形')
axis([-1 1 -1.5 1.5]),grid on
title(['最大谐波数=',num2str(n_max(k))])
end
```

程序运行后,画出各项部分和的波形如图 6-2 所示。

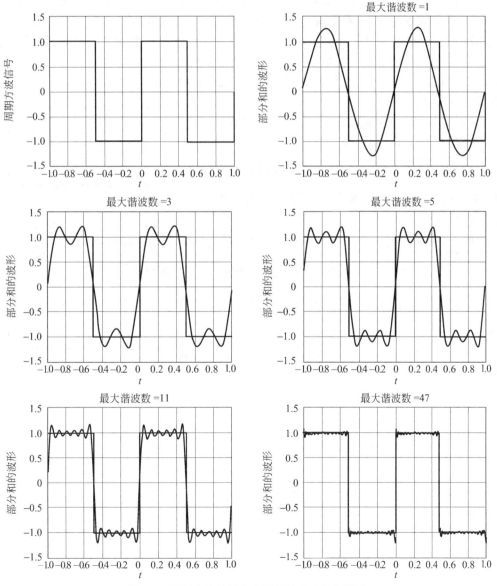

图 6-2 周期方波信号的有限项傅里叶级数逼近

从图 6-2 可以看出，随着傅里叶级数项数的增多，部分和与周期方波信号的误差越来越小。在 $N=47$ 项的时候，部分和的波形与周期方波信号的波形很接近，但在信号的跳变点附近，却总是存在一个过冲，这就是所谓的 Gibbs 现象。

6.2.2　周期信号的频谱分析

周期信号通过傅里叶级数分解可展开成一系列相互正交的正弦信号或复指数信号分量的加权和。在三角形式傅里叶级数中，各分量的形式为 $A_n\cos(n\omega_0 t+\varphi_n)$；在指数形式的傅里叶级数中，各分量的形式为 $F_n\mathrm{e}^{jn\omega_0 t}=|F_n|\,\mathrm{e}^{j\theta_n}\mathrm{e}^{jn\omega_0 t}$。对实信号而言，$F_n\mathrm{e}^{jn\omega_0 t}$ 与 $F_{-n}\mathrm{e}^{-jn\omega_0 t}$ 成对出现。对不同的周期信号，它们各个分量的数目、角频率 $n\omega_0$、幅度 $|F_n|$ 或 A_n、相位 θ_n 或 φ_n 不同。傅里叶系数的幅度 $|F_n|$ 或 A_n 随角频率 $n\omega_0$ 的变化关系绘制成图形，称为信号的幅度频谱，简称幅度谱。相位 θ_n 或 φ_n 随角频率 $n\omega_0$ 变化关系绘制成图形，称为信号的相位频谱，简称相位谱。幅度谱和相位谱统称为信号的频谱。信号的频谱是信号的另一种表示，它提供了从另一个角度来观察和分析信号的途径。利用 MATLAB 命令可对周期信号的频谱及其特点进行观察验证分析。

【实例 6-2】　已知周期矩形脉冲 $f(t)$ 如图 6-3 所示，设脉冲幅度为 $A=1$，宽度为 τ，重复周期为 T $\left(\text{角频率 } \omega_0=\dfrac{2\pi}{T}\right)$。将其展开为复指数形式傅里叶级数，研究周期矩形脉冲的宽度 τ 和周期 T 变化时，对其频谱的影响。

图 6-3　周期矩形脉冲信号

解：根据傅里叶级数理论可知，周期矩形脉冲信号的傅里叶系数为

$$F_n=A\tau\mathrm{Sa}\left(\frac{n2\pi}{T}\frac{\tau}{2}\right)=\tau\mathrm{Sa}\left(\frac{n\pi\tau}{T}\right)=\tau\mathrm{sinc}\left(\frac{n\tau}{T}\right)$$

各谱线之间的间隔为 $\Omega=\dfrac{2\pi}{T}$。图 6-4 画出了 $\tau=1$、$T=10$，$\tau=1$、$T=5$ 和 $\tau=2$、$T=10$ 三种情况下傅里叶系数。为了能在同一时间段对比，第 2 种情况由于周期 T 不一样，所以谱线之间的间隔也不一样，因此对横坐标作了调整，使它与第 1、3 种情况一致。MATLAB 源程序为

```
>>n=-30: 30;tao=1;T=10;w1=2*pi/T;
>>x=n*tao/T;fn=tao*sinc(x);
>>subplot(311)
>>stem(n*w1,fn),grid on
>>title('tao=1,T=10')
>>tao=1;T=5;w2=2*pi/T;
>>x=n*tao/T;fn=tao*sinc(x);
>>m=round(30*w1/w2);
>>n1=-m: m;
>>fn=fn(30-m+1: 30+m+1);
>>subplot(312)
```

```
>>stem(n1*w2,fn),grid on
>>title('tao=1,T=5')
>>tao=2;T=10;w3=2*pi/T;
>>x=n*tao/T;fn=tao*sinc(x);
>>subplot(313)
>>stem(n*w3,fn),grid on
>>title('tao=2,T=10')
```

从图 6-4 可以看出,脉冲宽度 τ 越大,信号的频谱带宽越小;而周期越小,谱线之间间隔越大,验证了傅里叶级数理论。

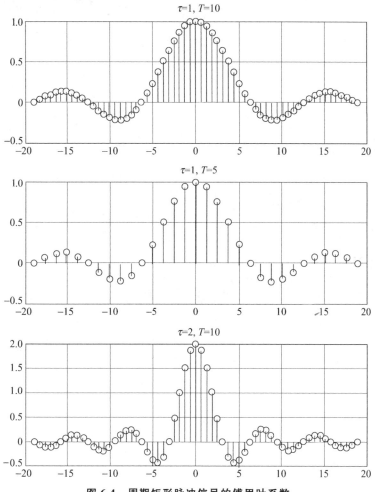

图 6-4　周期矩形脉冲信号的傅里叶系数

6.3　编　程　练　习

1. 已知周期三角信号如图 6-5 所示,试求出该信号的傅里叶级数,利用 MATLAB 编程实现其各次谐波的叠加,并验证其收敛性。

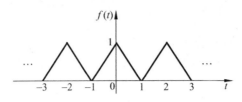

图 6-5   周期三角信号波形

2. 试用 MATLAB 分析图 6-5 中周期三角信号的频谱。当周期三角信号的周期和三角信号的宽度变化时,试观察分析其频谱的变化。

chapter 7

傅里叶变换及其性质

7.1 实 验 目 的

- 学会运用 MATLAB 求连续时间信号的傅里叶变换;
- 学会运用 MATLAB 求连续时间信号的频谱图;
- 学会运用 MATLAB 分析连续时间信号的傅里叶变换的性质。

7.2 实验原理及实例分析

7.2.1 傅里叶变换的实现

在前面讨论的周期信号中,当周期 $T \to \infty$ 时,周期信号就转化为非周期信号。当周期 $T \to \infty$ 时,周期信号的各次谐波幅度及谱线间隔将趋近于无穷小,但频谱的相对形状保持不变。这样,原来由许多谱线组成的周期信号的离散频谱就会连成一片,形成非周期信号的连续频谱。为了有效地分析非周期信号的频率特性,我们引入了傅里叶变换分析法。

信号 $f(t)$ 的傅里叶变换定义为

$$F(\omega) = F[f(t)] = \int_{-\infty}^{\infty} f(t) e^{-j\omega t} dt \tag{7-1}$$

傅里叶反变换定义为

$$f(t) = F^{-1}[F(\omega)] = \frac{1}{2\pi} \int_{-\infty}^{\infty} F(\omega) e^{j\omega t} d\omega \tag{7-2}$$

傅里叶正反变换称为傅里叶变换对,简记为 $f(t) \leftrightarrow F(\omega)$。

信号的傅里叶变换主要包括 MATLAB 符号运算和 MATLAB 数值分析两种方法,下面分别加以探讨。同时,探讨了连续时间信号的频谱图。

1. MATLAB 符号运算求解法

MATLAB 符号数学工具箱提供了直接求解傅里叶变换与傅里叶反变换的函数 fourier()及 ifourier()。Fourier 变换的语句格式分为三种。

（1）F＝fourier(f)：它是符号函数 f 的 Fourier 变换,默认返回是关于 ω 的函数。

（2）F＝fourier(f,v)：它返回函数 F 是关于符号对象 v 的函数,而不是默认的 ω,即 $F(v)=\displaystyle\int_{-\infty}^{\infty}f(x)\mathrm{e}^{-\mathrm{j}vx}\,\mathrm{d}x$。

（3）F＝fourier(f,u,v)：是对关于 u 的函数 f 进行变换,返回函数 F 是关于 v 的函数,即 $F(v)=\displaystyle\int_{-\infty}^{\infty}f(u)\mathrm{e}^{-\mathrm{j}vu}\,\mathrm{d}u$。

傅里叶反变换的语句格式也分为三种。

（1）f＝ifourier(F)：它是符号函数 f 的 Fourier 变换,独立变量默认为 ω,默认返回是关于 x 的函数。

（2）f＝ifourier(F,u)：它返回函数 f 是 u 的函数,而不是默认的 x。

（3）f＝ifourier(F,u,v)：是对关于 v 的函数 F 进行变换,返回关于 u 的函数 f。

值得注意的是,函数 fourier（）及 ifourier（）都是接受由 sym 函数所定义的符号变量或者符号表达式。

【实例 7-1】　用 MATLAB 符号运算求解法求单边指数信号 $f(t)=\mathrm{e}^{-2t}u(t)$ 的傅里叶变换。

解：MATLAB 源程序为

```
>>ft=sym('exp(-2*t)*Heaviside(t)');
>>Fw=fourier(ft)
```

运行结果为

```
Fw=
    1/(2+i*w)
```

【实例 7-2】　用 MATLAB 符号运算求解法求 $F(\omega)=\dfrac{1}{1+\omega^2}$ 的傅里叶逆变换 $f(t)$。

解：MATLAB 源程序为

```
>>syms t
>>Fw=sym('1/(1+w^2)');
>>ft=ifourier(Fw,t)
```

运行结果为

```
ft=
    1/2*exp(-t)*Heaviside(t)+1/2*exp(t)*Heaviside(-t)
```

2. 连续时间信号的频谱图

信号 $f(t)$ 的傅里叶变换 $F(\omega)$ 表达了信号在 ω 处的频谱密度分布情况,这就是信号的傅里叶变换的物理含义。$F(\omega)$ 一般是复函数,可以表示为 $F(\omega)=|F(\omega)|\mathrm{e}^{\mathrm{j}\varphi(\omega)}$。我们把 $|F(\omega)|\sim\omega$ 与 $\varphi(\omega)\sim\omega$ 曲线分别称为非周期信号的幅度频谱与相位频谱,它们都是频率 ω 的连续函数,在形状上与相应的周期信号频谱包络线相同。非周期信号的频谱有两

个特点,密度谱和连续谱。我们注意到,采用 fourier() 和 ifourier() 得到的返回函数,仍然是符号表达式。若需对返回函数作图,则需应用 ezplot() 绘图命令。

【**实例 7-3**】 用 MATLAB 命令绘出实例 7-1 中单边指数信号的幅度谱和相位谱。

解:MATLAB 源程序为

```
>>ft=sym('exp(-2*t)*Heaviside(t)');
>>Fw=fourier(ft);
>>subplot(211)
>>ezplot(abs(Fw)),grid on
>>title('幅度谱')
>>phase=atan(imag(Fw)/real(Fw));
>>subplot(212)
>>ezplot(phase);grid on
>>title('相位谱')
```

程序运行后如图 7-1 所示。

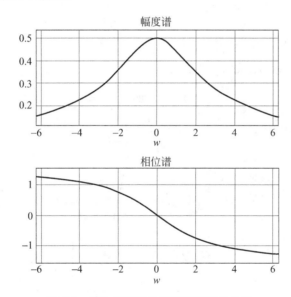

图 7-1 单边指数信号的幅度谱和相位谱

【**实例 7-4**】 用 MATLAB 命令求图 7-2 所示三角脉冲的傅里叶变换,并画出其幅度谱。

解:该三角脉冲是实偶函数,因此傅里叶变换也为实偶函数,相位谱为 0。图中所示三角脉冲信号的数学表达式为

$$f(t) = \left(\frac{t+4}{2}\right)[u(t+4) - u(t)] + \left(\frac{-t+4}{2}\right)[u(t) - u(t-4)]$$

$$= \left(\frac{t+4}{2}\right)u(t+4) - tu(t) + \left(\frac{t-4}{2}\right)u(t-4)$$

图 7-2 三角脉冲信号

MATLAB 源程序为

```
>>ft=sym('(t+4)/2*Heaviside(t+4)-t*Heaviside(t)+(t-4)/2*Heaviside(t-4)');
>>Fw=simplify(fourier(ft))
Fw=
    -(cos(4*w)-1)/w^2
>>Fw_conj=conj(Fw);
>>Gw=sqrt(Fw*Fw_conj);
>>ezplot(Gw,[-pi pi]),grid on
```

上述程序首先用 sym 函数定义三角脉冲信号，然后进行傅里叶变换得到 Fw。通过函数 Fw_conj＝conj(Fw)可求得傅里叶变换的共轭函数，Gw＝sqrt(Fw×Fw_conj)是将共轭函数与函数本身相乘得到模平方函数，再将模平方函数进行开方从而得到幅度谱。

在求幅度谱时，Fw_conj＝conj(Fw) 和 Gw＝sqrt(Fw * Fw_conj) 也可利用 MATLAB 中 abs 函数方便地得到同样的结果。此时，MATLAB 源程序为

```
>>ft=sym('(t+4)/2*Heaviside(t+4)-t*Heaviside(t)+(t-4)/2*Heaviside(t-4)');
>>Fw=simplify(fourier(ft));
>>ezplot(abs(Fw),[-pi pi]),grid on
```

三角脉冲信号的频谱图如图 7-3 所示。

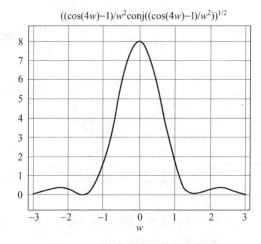

图 7-3　三角脉冲信号的幅度频谱

【实例 7-5】　已知调制信号 $f(t)=AG_\tau(t)\cos\omega_0 t=\left[u\left(t+\dfrac{\tau}{2}\right)-u\left(t-\dfrac{\tau}{2}\right)\right]\cos\omega_0 t$，用 MATLAB 命令求其频谱。

解：取 $\omega_0=12\pi, A=4, \tau=1/2$，其频谱如图 7-4 所示。MATLAB 源程序为

```
>>ft=sym('4*cos(2*pi*6*t)*(Heaviside(t+1/4)-Heaviside(t-1/4))');
>>Fw=simplify(fourier(ft))
Fw=
    8*w*sin(1/4*w)/(-w+12*pi)/(w+12*pi)
```

```
>>subplot(121)
>>ezplot(ft,[-0.5 0.5]),grid on
>>subplot(122)
>>ezplot(abs(Fw),[-24*pi 24*pi]),grid on
```

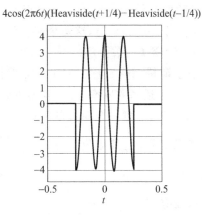
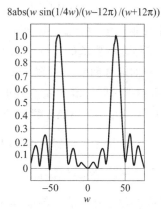

图 7-4　调制信号及其频谱

3. MATLAB 数值计算求解法

fourier() 和 ifourier() 函数的一个局限性是,如果返回函数中有诸如狄拉克函数 $\delta(t)$ 等项,则用 ezplot() 函数无法作图。对某些信号求变换时,其返回函数可能包含一些不能直接用符号表达的式子,甚至可能出现提示"未被定义的函数或变量",因而也不能对此返回函数作图。此外,在很多实际情况中,尽管信号 $f(t)$ 是连续的,但经过抽样所获得的信号则是多组离散的数值量 $f(n)$,因此无法表示成符号表达式,此时不能应用 fourier() 函数对 $f(n)$ 进行处理,而只能用数值计算法来近似求解。为了更好地体会 MATLAB 的数值计算功能,特别是强大的矩阵运算能力,这里给出连续信号傅里叶变换的数值计算法。

从傅里叶变换定义出发,我们有

$$F(\omega) = \int_{-\infty}^{\infty} f(t)\mathrm{e}^{-\mathrm{j}\omega t}\,\mathrm{d}t = \lim_{\Delta \to 0}\sum_{n=-\infty}^{\infty} f(n\Delta)\mathrm{e}^{-\mathrm{j}\omega n\Delta}\Delta \tag{7-3}$$

当 Δ 足够小时,上式的近似情况可以满足实际需要。对于时限信号 $f(t)$,或者在所研究的时间范围内让 $f(t)$ 衰减到足够小,从而近似地看成时限信号,则对于式 7-3 可研究有限 n 的取值。假设是因果信号,则有

$$F(\omega) = \Delta \sum_{n=0}^{M-1} f(n\Delta)\mathrm{e}^{-\mathrm{j}\omega n\Delta}, \quad 0 \leqslant n \leqslant M-1 \tag{7-4}$$

傅里叶变换后在 ω 域用 MATLAB 进行求解,对式 7-4 中的角频率 ω 进行离散化。假设离散化后得到 N 个样值,即

$$\omega_k = \frac{2\pi}{N\Delta}k \quad 0 \leqslant k \leqslant N \tag{7-5}$$

因此有

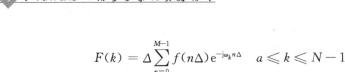

$$F(k) = \Delta \sum_{n=0}^{M-1} f(n\Delta) e^{-j\omega_k n\Delta} \quad a \leqslant k \leqslant N-1$$

采用行向量,用矩阵表示为

$$[F(k)]_{1\times(N-1)}^{\mathrm{T}} = \Delta [f(n\Delta)]_{1\times(M-1)}^{\mathrm{T}} [e^{-j\omega_k n\Delta}]_{(M-1)\times(N-1)}^{\mathrm{T}} \tag{7-6}$$

式 7-6 为我们提供了用 MATLAB 实现傅里叶变换的主要依据。其要点是要正确生成 $f(t)$ 的 N 个样本向量 $[f(n\Delta)]$ 与向量 $[e^{-j\omega_k n\Delta}]$。当 Δ 足够小时,这两个向量的内积或两矩阵相乘的结果即为所要求的连续时间信号傅里叶变换的数值解。

信号 $f(t)$ 的取样间隔 Δ 的确定要依据奈奎斯特抽样定理。如果对非严格的带限信号 $f(t)$,则可根据实际计算的精度要求来确定一个适当的频率 ω_m 为信号的带宽。

【实例 7-6】 用 MATLAB 数值计算法求实例 7-3 的三角脉冲幅度谱。

解:实例 7-3 中的三角脉冲信号是非带限信号,但其频谱集中在 $\left[-\dfrac{\pi}{2}, \dfrac{\pi}{2}\right]$ 之间。为了保证数值计算的精度,仍然假设三角脉冲信号的截止频率为 $\omega_m = 100\pi$。根据奈奎斯特抽样定理可以确定时域信号的抽样间隔 T_s 必须满足 $T_s \leqslant \dfrac{1}{2 \times \omega_m/2\pi} = 0.01$。因此,不妨取 $\Delta = 0.01$。同时考虑对实信号而言,其傅里叶变换的幅度频谱为偶对称,因此角频率离散化后可取 $-N \leqslant k \leqslant N$。MATLAB 源程序为

```
>>dt=0.01;
>>t=-4: dt: 4;
>>ft=(t+4)/2.* uCT(t+4)-t.* uCT(t)+(t-4)/2.* uCT(t-4);
>>N=2000;
>>k=-N: N;
>>W=pi* k/(N* dt);
>>F=dt* ft* exp(-j* t'* W);
>>F=abs(F);
>>plot(W,F),grid on
>>axis([-pi pi -1 9])
>>xlabel('w'),ylabel('F(w)')
>>title('amplitude spectrum')
```

程序运行结果如图 7-5 所示。比较图 7-3 和图 7-5,不难发现图形结果基本是一样的。

7.2.2　傅里叶变换的性质

傅里叶变换的性质包含了丰富的物理含义,并且揭示了信号的时域和频域的关系。熟悉这些性质成为信号分析研究工作中最重要的内容之一。

1. 尺度变换特性

傅里叶变换的尺度变换特性为:若 $f(t) \leftrightarrow F(\omega)$,则有 $f(at) \leftrightarrow \dfrac{1}{|a|} F\left(\dfrac{\omega}{a}\right)$,其中,$a$ 为

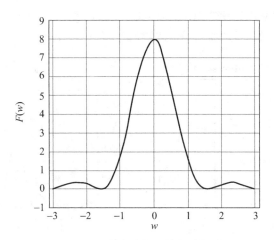

图 7-5 三角脉冲信号的幅度频谱

非零实常数。

【实例 7-7】 设矩形信号 $f(t) = u(t+1/2) - u(t-1/2)$，用 MATLAB 命令绘出该信号及其频谱图。当信号 $f(t)$ 的时域波形扩展为原来的 2 倍，或压缩为原来的 1/2 时，则分别得到 $f(t/2)$ 和 $f(2t)$，用 MATLAB 命令绘出 $f(t/2)$ 和 $f(2t)$ 的频谱图，并加以比较。

解：采用符号运算法求解，MATLAB 源程序为

```
>>ft1=sym('Heaviside(t+1/2)-Heaviside(t-1/2)');
>>subplot(321)
>>ezplot(ft1,[-1.5 1.5]),grid on
>>Fw1=simplify(fourier(ft1));
>>subplot(322)
>>ezplot(abs(Fw1),[-10*pi 10*pi]),grid on
>>axis([-10*pi 10*pi -0.2 2.2])
>>ft2=sym('Heaviside(t/2+1/2)-Heaviside(t/2-1/2)');
>>subplot(323)
>>ezplot(ft2,[-1.5 1.5]),grid on
>>Fw2=simplify(fourier(ft2));
>>subplot(324)
>>ezplot(abs(Fw2),[-10*pi 10*pi]),grid on
>>axis([-10*pi 10*pi -0.2 2.2])
>>ft3=sym('Heaviside(2*t+1/2)-Heaviside(2*t-1/2)');
>>subplot(325)
>>ezplot(ft3,[-1.5 1.5]),grid on
>>Fw3=simplify(fourier(ft3));
>>subplot(326)
>>ezplot(abs(Fw3),[-10*pi 10*pi]),grid on
>>axis([-10*pi 10*pi -0.2 2.2])
```

程序运行结果如图 7-6 所示。图 7-6 直观地反映了尺度变换特性，从理论上论证了

信号的时域压缩导致它的频谱扩展,而信号的时域扩展导致它的频谱压缩。一个典型的实例就是在通信中对通信速率的要求与对带宽的要求是相互矛盾的。

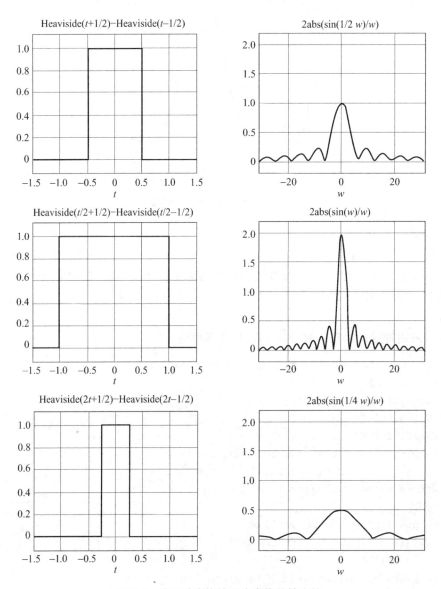

图 7-6 傅里叶变换的尺度变换特性比较

2. 频移特性

傅里叶变换的频移特性为:若 $f(t) \leftrightarrow F(\omega)$,则有 $f(t)e^{j\omega_0 t} \leftrightarrow F(\omega - \omega_0)$。频移技术在通信系统中得到广泛应用,诸如调幅、同步解调和变频等过程都是在频谱搬移的基础上完成的。频移的实现原理是将信号 $f(t)$ 乘以载波信号 $\cos\omega_0 t$ 或 $\sin\omega_0 t$,从而完成频谱搬移,即

$$f(t)\cos\omega_0 t \leftrightarrow \frac{1}{2}\left[F(\omega+\omega_0)+F(\omega-\omega_0)\right]$$

$$f(t)\sin\omega_0 t \leftrightarrow \frac{j}{2}\left[F(\omega+\omega_0)-F(\omega-\omega_0)\right]$$

上式说明,若 $f(t)$ 乘以 $\cos\omega_0 t$ 或 $\sin\omega_0 t$,等效于 $f(t)$ 的频谱 $F(\omega)$ 一分为二,沿频率轴向左和向右各平移 ω_0。这个过程称为调制,频移性质又称为调制性质或调制定理。我们在实例 7-5 中已经提到了矩形调制信号的频谱,下面利用 MATLAB 将实例 7-5 中的矩形信号的频谱及其调制信号频谱进行比较。MATLAB 源程序为

```
>>ft1=sym('4 * (Heaviside(t+1/4)-Heaviside(t-1/4))');
>>Fw1=simplify(fourier(ft1));
>>subplot(121)
>>ezplot(abs(Fw1),[-24 * pi 24 * pi]),grid on
>>axis([-24 * pi 24 * pi -0.2 2.2]),title('矩形信号频谱')
>>ft2=sym('4 * cos(2 * pi * 6 * t) * (Heaviside(t+1/4)-Heaviside(t-1/4))');
>>Fw2=simplify(fourier(ft2));
>>subplot(122)
>>ezplot(abs(Fw2),[-24 * pi 24 * pi]),grid on
>>title('矩形调制信号频谱')
```

程序运行结果如图 7-7 所示,可以看到调制后信号的频谱发生了频移。

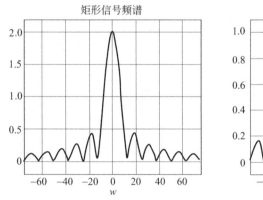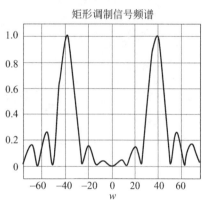

图 7-7 傅里叶变换频移特性比较

傅里叶变换的其他性质可用类似的方法加以验证,读者可作为编程练习。

7.3 编 程 练 习

1. 试用 MATLAB 命令求下列信号的傅里叶变换,并绘出其幅度谱和相位谱。

(1) $f_1(t)=\dfrac{\sin 2\pi(t-1)}{\pi(t-1)}$ (2) $f_2(t)=\left[\dfrac{\sin(\pi t)}{\pi t}\right]^2$

2. 试用 MATLAB 命令求下列信号的傅里叶反变换,并绘出其时域信号图。

(1) $F_1(\omega) = \dfrac{10}{3+\mathrm{j}\omega} - \dfrac{4}{5+\mathrm{j}\omega}$ 　　　　(2) $F_2(\omega) = \mathrm{e}^{-4\omega^2}$

3. 试用 MATLAB 数值计算方法求图 7-8 所示信号的傅里叶变换,并画出其频谱图。

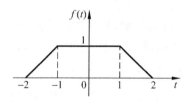

图 7-8　已知信号波形

4. 已知两个门信号的卷积为三角波信号,试用 MATLAB 命令验证傅里叶变换的时域卷积定理。

第 8 章

连续时间 LTI 系统的频率特性
及频域分析

8.1 实 验 目 的

- 学会运用 MATLAB 分析连续系统的频率特性;
- 学会运用 MATLAB 进行连续系统的频域分析。

8.2 实验原理及实例分析

8.2.1 连续时间 LTI 系统的频率特性

一个连续时间 LTI 系统的数学模型通常用常系数线性微分方程来描述,即

$$a_n \frac{d^n y}{dt^n} + \cdots + a_1 \frac{dy}{dt} + a_0 y(t) = b_m \frac{d^m x}{dt^m} + \cdots + b_1 \frac{dx}{dt} + b_0 x(t) \qquad (8\text{-}1)$$

对上式两边取傅里叶变换,并根据傅里叶变换的时域微分特性,得

$$[a_n (j\omega)^n + \cdots + a_1 (j\omega) + a_0] Y(\omega) = [b_m (j\omega)^m + \cdots + b_1 (j\omega) + b_0] X(\omega)$$

定义 $H(\omega)$ 为

$$H(\omega) = \frac{Y(\omega)}{X(\omega)} = \frac{b_m (j\omega)^m + \cdots + b_1 (j\omega) + b_0}{a_n (j\omega)^n + \cdots + a_1 (j\omega) + a_0} \qquad (8\text{-}2)$$

可见,$H(\omega)$ 是两个 $j\omega$ 的多项式之比。其中,分母与分子多项式的系数分别是式 8-1 微分方程左边与右边相应项的系数,$H(\omega)$ 称为系统的系统函数,也称为系统的频率响应特性,简称系统频率响应或频率特性。一般系统频率响应 $H(\omega)$ 是 ω 的复函数,可表示为

$$H(\omega) = |H(\omega)| e^{j\varphi(\omega)}$$

其中,$|H(\omega)|$ 称为系统的幅频响应特性,简称为幅频响应或幅频特性;$\varphi(\omega)$ 称为系统的相频响应特性,简称相频响应或相频特性。系统的频率响应 $H(\omega)$ 描述了系统响应的傅里叶变换与激励的傅里叶变换之间的关系。系统频率响应 $H(\omega)$ 只与系统本身的特性有关,而与激励无关,因此它是表征系统特性的一个重要参数。

MATLAB 信号处理工具箱提供的 freqs 函数可直接计算系统的频率响应的数值解，其语句格式为

```
H=freqs(b,a,w)
```

其中，b 和 a 分别表示 $H(\omega)$ 的分子和分母多项式的系数向量；w 为系统频率响应的频率范围，其一般形式为 $\omega 1:p:\omega 2$，$\omega 1$ 为频率起始值，$\omega 2$ 为频率终止值，p 为频率取样间隔。H 返回 w 所定义的频率点上系统频率响应的样值。注意，H 返回的样值可能为包含实部和虚部的复数。因此，如果想得到系统的幅频特性或相频特性，还需利用 abs 和 angle 函数来分别求得。

【实例 8-1】 已知一个连续时间 LTI 系统的微分方程为
$$y'''(t) + 10y''(t) + 8y'(t) + 5y(t) = 13x'(t) + 7x(t)$$
求该系统的频率响应，并用 MATLAB 绘出其幅频特性和相频特性图。

解：对上式两边取傅里叶变换，得
$$Y(\omega)\left[(j\omega)^3 + 10\,(j\omega)^2 + 8(j\omega) + 5\right] = X(\omega)\left[13(j\omega) + 7\right]$$
因此，频率响应为
$$H(\omega) = \frac{Y(\omega)}{X(\omega)} = \frac{13(j\omega) + 7}{(j\omega)^3 + 10\,(j\omega)^2 + 8(j\omega) + 5}$$

利用 MATLAB 中的 freqs 函数可求出其数值解，并绘出其幅频特性和相频特性图。MATLAB 源程序为

```
>>w=- 3 * pi: 0.01: 3 * pi;
>>b=[13,7];
>>a=[1,10,8,5];
>>H=freqs(b,a,w);
>>subplot(211)
>>plot(w,abs(H)),grid on
>>xlabel('\omega(rad/s)'),ylabel('|H(\omega)|')
>>title('H(w)的幅频特性')
>>subplot(212)
>>plot(w,angle(H)),grid on
>>xlabel('\omega(rad/s)'),ylabel('\phi(\omega)')
>>title('H(w)的相频特性')
```

程序运行后结果如图 8-1 所示。

【实例 8-2】 图 8-2 是实用带通滤波器的一种最简单形式。试求当 $R=10\Omega$、$L=0.1\mathrm{H}$、$C=0.1\mathrm{F}$ 时该滤波器的幅频特性和相频特性。

解：带通滤波器的频率响应为
$$H(\omega) = \frac{Y(\omega)}{X(\omega)} = \frac{j\omega/RC}{(j\omega)^2 + j\omega/RC + 1/LC}$$
代入参数，带通滤波器的谐振频率为
$$\omega = \pm 1/\sqrt{LC} = \pm 10(\mathrm{rad/s})$$
带通滤波器的幅频特性和相频特性的 MATLAB 源程序为

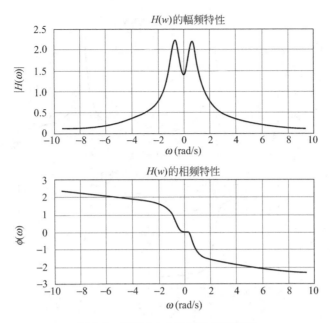

图 8-1 实例 8-1 中系统的频率响应

```
>>w=-6*pi: 0.01: 6*pi;
>>b=[1,0];
>>a=[1,1,100];
>>H=freqs(b,a,w);
>>subplot(211)
>>plot(w,abs(H)),grid on
>>xlabel('\omega(rad/s)'),ylabel('|H(\omega)|')
>>title('带通滤波器的幅频特性')
>>subplot(212)
>>plot(w,angle(H)),grid on
>>xlabel('\omega(rad/s)'),ylabel('\phi(\omega)')
>>title('带通滤波器的相频特性')
```

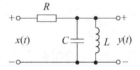

图 8-2 实用的 RLC 带通滤波器

程序运行结果如图 8-3 所示。可以形象地看到,该带通滤波器的特性就是让接近谐振频率 $\omega=10\mathrm{rad/s}$ 的信号通过而阻止其他频率的信号。

8.2.2 连续时间 LTI 系统的频域分析

连续 LTI 系统的频域分析法,也称为傅里叶变换分析法。该方法是基于信号频谱分析的概念,讨论信号作用于线性系统时在频域中求解响应的方法。傅里叶分析法的关键是求取系统的频率响应。傅里叶分析法主要用来分析系统的频率响应特性,或分析输出信号的频谱,也可用来求解正弦信号作用下的正弦稳态响应。下面通过实例研究非周期信号激励下利用频率响应求零状态响应。

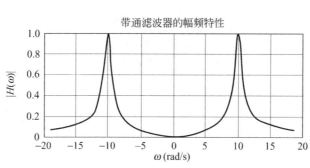

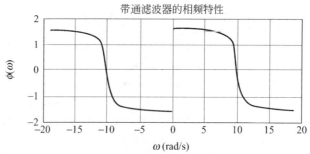

图 8-3　实用 RLC 带通滤波器的幅频和相频特性

【实例 8-3】　图 8-4(a)为 RC 低通滤波电路,在输入端加入矩形脉冲 $x(t)$,如图 8-4(b)所示,利用傅里叶分析法求输出端电压 $y(t)$。

解:RC 低通滤波器的频率响应为

$$H(\omega) = \frac{\alpha}{\alpha + j\omega} \quad \text{其中} \quad \alpha = \frac{1}{RC} = 5$$

激励信号的傅里叶变换为

$$X(\omega) = (1 - e^{-j\omega})/j\omega$$

因此,响应的傅里叶变换为

$$Y(\omega) = H(\omega)X(\omega) = \frac{5(1 - e^{-j\omega})}{j\omega(5 + j\omega)} = \frac{5(1 - e^{-j\omega})}{5j\omega - \omega^2}$$

图 8-4　RC 电路图

MATLAB 源程序为

```
>>w=-6*pi:0.01:6*pi;
>>b=[5];
>>a=[1,5];
>>H1=freqs(b,a,w);
>>plot(w,abs(H1)),grid on
>>xlabel('\omega(rad/s)'),ylabel('|H(\omega)|')
>>title('RC 低通滤波电路的幅频特性')
>>xt=sym('Heaviside(t)-Heaviside(t-1)');
>>Xw=simplify(fourier(xt));
>>figure
>>subplot(221),ezplot(xt,[-0.2,2]),grid on
```

```
>>title('矩形脉冲信号')
>>xlabel('Time(sec)'),ylabel('x(t)')
>>subplot(222),ezplot(abs(Xw),[-6*pi 6*pi]),grid on
>>title('矩形脉冲的频谱')
>>xlabel('\omega(rad/s)'),ylabel('X(\omega)')
>>Yw=sym('5*(1-exp(-i*w))/(5*i*w-w^2)');
>>yt=simplify(ifourier(Yw));
>>subplot(223),ezplot(yt,[-0.2,2]),grid on
>>title('响应的时域波形')
>>xlabel('Time(sec)'),ylabel('y(t)')
>>subplot(224),ezplot(abs(Yw),[-6*pi 6*pi]),grid on
>>title('响应的频谱')
>>xlabel('\omega(rad/s)'),ylabel('Y(\omega)')
```

程序运行结果如图 8-5 和图 8-6 所示。

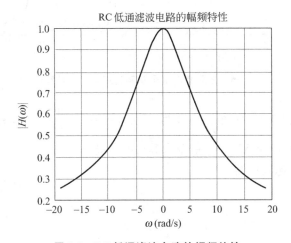

图 8-5 RC 低通滤波电路的幅频特性

从图 8-6 可知,时域中输出信号与输入信号的波形相比产生了失真,表现在波形的上升和下降部分,输出信号的波形上升和下降部分比输入波形要平缓许多。而在频域上,激励信号频谱的高频分量与低频分量相比受到较严重的衰减。这正是低通滤波电路所起的作用。

对于周期信号激励而言,可首先将周期信号进行傅里叶级数展开,然后求系统在各傅里叶级数分解的频率分量作用下系统的稳态响应分量,再由系统的线性性质将这些稳态响应分量叠加,从而得出系统总的响应。该方法的理论基础是基于正弦信号作用下系统的正弦稳态响应。

对于正弦激励信号 $A\sin(\omega_0 t + \varphi)$,当经过系统 $H(\omega)$,其稳态响应为

$$y_{ss}(t) = A\sin(\omega_0 t + \varphi)H(\omega_0)$$
$$= A|H(\omega_0)|\sin(\omega_0 t + \varphi + \angle H(\omega_0))$$

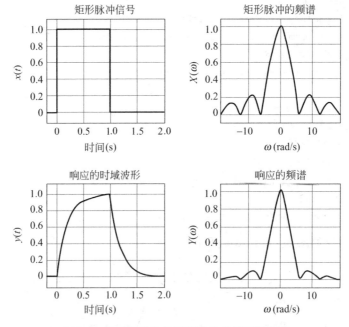

图 8-6 矩形脉冲信号及其响应的波形与频谱

【**实例 8-4**】 设系统的频率响应为 $H(\omega) = \dfrac{1}{-\omega^2 + 3j\omega + 2}$，若外加激励信号为

$5\cos(t) + 2\cos(10t)$，用 MATLAB 命令求其稳态响应。

解：MATLAB 源程序为

```
>>t=0: 0.1: 20;
>>w1=1;w2=10;
>>H1=1/(-w1^2+j*3*w1+2);
>>H2=1/(-w2^2+j*3*w2+2);
>>f=5*cos(t)+2*cos(10*t);
>>y=abs(H1)*cos(w1*t+angle(H1))+abs(H2)*cos(w2*t+angle(H2));
>>subplot(2,1,1);
>>plot(t,f);grid on
>>ylabel('f(t)'),xlabel('Time(s)')
>>title('输入信号的波形')
>>subplot(2,1,2);
>>plot(t,y);grid on
>>ylabel('y(t)'),xlabel('Time(sec)')
>>title('稳态响应的波形')
```

程序运行结果如图 8-7 所示。从中可以看出，信号通过该系统后，其高频分量衰减较大，说明该系统是低通滤波器。

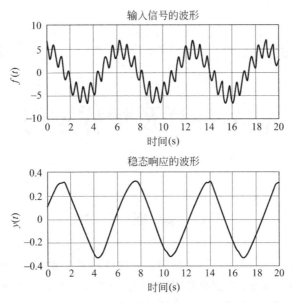

图 8-7　实例 8-4 的输入信号及其稳态响应

8.3　编　程　练　习

1. 试用 MATLAB 命令求图 8-8 所示电路系统的幅频特性和相频特性。已知 $R=10\Omega$、$L=2\mathrm{H}$、$C=0.1\mathrm{F}$。

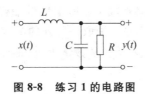

图 8-8　练习 1 的电路图

2. 已知系统微分方程和激励信号如下,试用 MATLAB 命令求系统的稳态响应。

(1) $\dfrac{\mathrm{d}y(t)}{\mathrm{d}t}+\dfrac{3}{2}y(t)=\dfrac{\mathrm{d}f(t)}{\mathrm{d}t}$,$f(t)=\cos 2t$;

(2) $\dfrac{\mathrm{d}^2y(t)}{\mathrm{d}t^2}+2\dfrac{\mathrm{d}y(t)}{\mathrm{d}t}+3y(t)=-\dfrac{\mathrm{d}f(t)}{\mathrm{d}t}+2f(t)$,$f(t)=3+\cos 2t+\cos 5t$。

第 9 章

信号抽样及抽样定理

9.1 实 验 目 的

- 学会运用 MATLAB 完成信号抽样及对抽样信号的频谱进行分析；
- 学会运用 MATLAB 改变抽样间隔,观察抽样后信号的频谱变化；
- 学会运用 MATLAB 对抽样后的信号进行重建。

9.2 实验原理及实例分析

9.2.1 信号抽样

信号抽样是连续时间信号分析向离散时间信号分析、连续信号处理向数字信号处理的第一步,广泛应用于实际的各类系统中。所谓信号抽样,也称为取样或采样,就是利用抽样脉冲序列 $p(t)$ 从连续信号 $f(t)$ 中抽取一系列的离散样值,通过抽样过程得到的离散样值信号称为抽样信号,用 $f_s(t)$ 表示。从数学上讲,抽样过程就是抽样脉冲 $p(t)$ 和原连续信号 $f(t)$ 相乘的过程,即

$$f_s(t) = f(t)p(t)$$

因此,可以用傅里叶变换的频域卷积性质来求抽样信号 $f_s(t)$ 的频谱。常用的抽样脉冲序列 $p(t)$ 有周期矩形脉冲序列和周期冲激脉冲序列。

假设原连续信号 $f(t)$ 的频谱为 $F(\omega)$,即 $f(t) \leftrightarrow F(\omega)$;抽样脉冲 $p(t)$ 是一个周期信号,它的频谱为

$$p(t) = \sum_{n=-\infty}^{\infty} P_n e^{jn\omega_s t} \leftrightarrow P(\omega) = 2\pi \sum_{n=-\infty}^{\infty} P_n \delta(\omega - n\omega_s)$$

其中,$\omega_s = \dfrac{2\pi}{T_s}$ 为抽样角频率,T_s 为抽样间隔。因此,抽样信号 $f_s(t)$ 的频谱为

$$F_s(\omega) = \frac{1}{2\pi} F(\omega) P(\omega) = \sum_{n=-\infty}^{\infty} F(\omega) P_n \delta(\omega - n\omega_s) = \sum_{n=-\infty}^{\infty} P_n F(\omega - n\omega_s)$$

即

$$F_s(\omega) = \sum_{n=-\infty}^{\infty} P_n F(\omega - n\omega_s) \tag{9-1}$$

式(9-1)表明,信号在时域被抽样后,它的频谱是原连续信号的频谱以抽样角频率为间隔周期的延拓,即信号在时域抽样或离散化,相当于频域周期化。在频谱的周期重复过程中,其频谱幅度受抽样脉冲序列的傅里叶系数加权,即被 P_n 加权。

假设抽样信号为周期冲激脉冲序列,则

$$p(t) = \sum_{n=-\infty}^{\infty} \delta(t-nT_s) \leftrightarrow \omega_s \sum_{n=-\infty}^{\infty} \delta(\omega - n\omega_s)$$

因此,冲激脉冲序列抽样后信号的频谱为

$$F_s(\omega) = \frac{1}{T_s} \sum_{n=-\infty}^{\infty} F(\omega - n\omega_s)$$

可以看出,$F_s(t)$ 是以 ω_s 为周期等幅地重复。

【**实例 9-1**】 已知升余弦脉冲信号为

$$f(t) = \frac{E}{2}\left[1 + \cos\left(\frac{\pi t}{\tau}\right)\right] \quad (0 \leqslant |t| \leqslant \tau)$$

用 MATLAB 编程实现该信号经冲激脉冲抽样后得到的抽样信号 $f_s(t)$ 及其频谱。

解:参数 $E=1$、$\tau=\pi$,则 $f(t)=\frac{1}{2}(1+\cos t)$。当采用抽样间隔 $T_s=1$ 时,MATLAB 源程序为

```
>>Ts=1;                           %抽样间隔
>>dt=0.1;
>>t1=-4: dt: 4;
>>ft=((1+cos(t1))/2).*(uCT(t1+pi)-uCT(t1-pi));
>>subplot(221)
>>plot(t1,ft),grid on
>>axis([-4 4 -0.1 1.1])
>>xlabel('Time(sec)'),ylabel('f(t)')
>>title('升余弦脉冲信号')
>>N=500;
>>k=-N: N;
>>W=pi*k/(N*dt);
>>Fw=dt*ft*exp(-j*t1'*W);          %傅里叶变换的数值计算
>>subplot(222)
>>plot(W,abs(Fw)),grid on
>>axis([-10 10 -0.2 1.1*pi])
>>xlabel('\omega'),ylabel('F(w)')
>>title('升余弦脉冲信号的频谱')
>>t2=-4: Ts: 4;
>>fst=((1+cos(t2))/2).*(uCT(t2+pi)-uCT(t2-pi));
>>subplot(223)
>>plot(t1,ft,': '),hold on          %抽样信号的包络线
>>stem(t2,fst),grid on              %绘制抽样信号
```

```
>>axis([-4 4 -0.1 1.1])
>>xlabel('Time(sec)'),ylabel('fs(t)')
>>title('抽样后的信号'),hold off
>>Fsw=Ts*fst*exp(-j*t2'*W);    %傅里叶变换的数值计算
>>subplot(224)
>>plot(W,abs(Fsw)),grid on
>>axis([-10 10 -0.2 1.1*pi])
>>xlabel('\omega'),ylabel('Fs(w)')
>>title('抽样信号的频谱')
```

程序运行结果如图 9-1 所示。

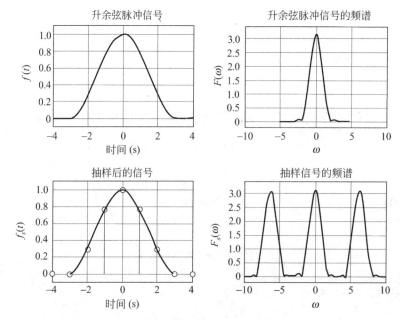

图 9-1　升余弦脉冲信号经抽样后的频谱比较

很明显,升余弦脉冲信号的频谱在抽样后发生了周期延拓,频域上该周期为 $\omega_s = 2\pi/T_s$。

9.2.2　抽样定理

若 $f(t)$ 是带限信号,带宽为 ω_m,则信号 $f(t)$ 可以用等间隔的抽样值来惟一表示。$f(t)$ 经抽样后的频谱 $F_s(\omega)$ 就是将 $f(t)$ 的频谱 $F(\omega)$ 在频率轴上以抽样频率 ω_s 为间隔进行周期延拓。因此,当 $\omega_s \geqslant 2\omega_m$ 时,或者抽样间隔 $T_s \leqslant \dfrac{\pi}{\omega_m}\left(T_s = \dfrac{2\pi}{\omega_s}\right)$ 时,周期延拓后频谱 $F_s(\omega)$ 不会产生频率混叠;当 $\omega_s < 2\omega_m$ 时,周期延拓后频谱 $F_s(\omega)$ 将产生频率混叠。通常把满足抽样定理要求的最低抽样频率 $f_s = 2f_m\left(f_s = \dfrac{\omega_s}{2\pi}, f_m = \dfrac{\omega_m}{2\pi}\right)$ 称为奈奎斯特频率,把最大允许的抽样间隔 $T_s = \dfrac{1}{f_s} = \dfrac{1}{2f_m}$ 称为奈奎斯特间隔。

【实例 9-2】　试用实例 9-1 来验证抽样定理。

解：实例 9-1 中升余弦脉冲信号的频谱大部分集中在 $\left[0, \dfrac{2\pi}{\tau}\right]$ 之间，设其截止频率为 $\omega_m = \dfrac{2\pi}{\tau}$，代入参数可得 $\omega_m = 2$，因而奈奎斯特间隔 $T_s = \dfrac{1}{2f_m} = \dfrac{\pi}{2}$。在实例 9-1 的 MATALB 程序中，可通过修改 T_s 的值得到不同的结果。

例如，取 $T_s = \mathrm{pi}/2$，可得到奈奎斯特间隔临界抽样时，抽样信号的频谱情况，如图 9-2 所示。取 $T_s = 2$，可得到低抽样率时，抽样信号的频谱情况，如图 9-3 所示。从中可以看出，由于抽样间隔大于奈奎斯特间隔，产生了较为严重的频谱混叠现象。

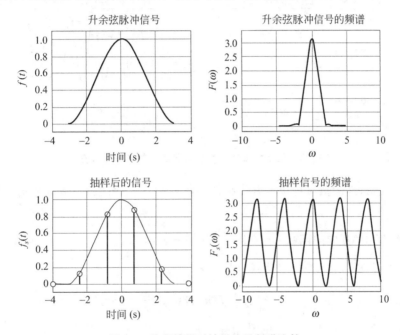

图 9-2　临界抽样时抽样信号频谱比较

9.2.3　信号重建

抽样定理表明，当抽样间隔小于奈奎斯特间隔时，可用抽样信号 $f_s(t)$ 惟一地表示原信号 $f(t)$，即信号的重建。为了从频谱中无失真地恢复原信号，可采用截止频率为 $\omega_c \geqslant \omega_m$ 的理想低通滤波器。

设理想低通滤波器的冲激响应为 $h(t)$，即

$$f(t) = f_s(t) * h(t)$$

其中，$f_s(t) = f(t) \sum\limits_{n=-\infty}^{n=\infty} \delta(t - nT_s) = \sum\limits_{n=-\infty}^{n=\infty} f(nT_s)\delta(t - nT_s)$，$h(t) = T_s \dfrac{\omega_c}{\pi} \mathrm{Sa}(\omega_c t)$，因此

$$f(t) = \sum_{n=-\infty}^{n=\infty} f(nT_s)\delta(t - nT_s) T_s \frac{\omega_c}{\pi} \mathrm{Sa}(\omega_c t)$$

$$= T_s \frac{\omega_c}{\pi} \sum_{n=-\infty}^{n=\infty} f(nT_s)\mathrm{Sa}\left[\omega_c(t - nT_s)\right] \tag{9-2}$$

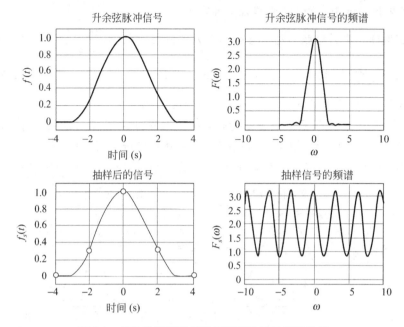

图 9-3　低抽样率时抽样信号频谱比较及频率混叠

式 9-2 表明,连续信号可以展开为抽样函数 $\mathrm{Sa}(t)$ 的无穷级数,该级数的系数等于抽样值。

利用 MATLAB 中的函数 $\mathrm{sinc}(t) = \dfrac{\sin(\pi t)}{\pi t}$ 来表示 $\mathrm{Sa}(t)$,有 $\mathrm{Sa}(t) = \mathrm{sinc}\left(\dfrac{t}{\pi}\right)$,所以可获得由 $f(nT_s)$ 重建 $f(t)$ 的表达式,即

$$f(t) = T_s \frac{\omega_c}{\pi} \sum_{n=-\infty}^{n=\infty} f(nT_s) \mathrm{sinc}\left[\frac{\omega_c}{\pi}(t - nT_s)\right] \tag{9-3}$$

【实例 9-3】　对实例 9-1 中的升余弦脉冲信号,假设其截止频率 $\omega_m = 2$,抽样间隔 $T_s = 1$,采用截止频率 $\omega_c = 1.2 \times \omega_m$ 的低通滤波器对抽样信号滤波后重建信号 $f(t)$,并计算重建信号与原升余弦脉冲信号的绝对误差。

解:MATLAB 源程序为

```
>>wm=2;                          %升余弦脉冲信号带宽
>>wc=1.2 * wm;                   %理想低通截止频率
>>Ts=1;                          %抽样间隔
>>n=-100:100;                    %时域计算点数
>>nTs=n * Ts;                    %时域抽样点
>>fs=((1+cos(nTs))/2).*(uCT(nTs+pi)-uCT(nTs-pi));    %抽样信号
>>t=-4:0.1:4;
>>ft=fs * Ts * wc/pi * sinc((wc/pi) * (ones(length(nTs),1) * t-nTs'*ones(1,
length(t))));                    %信号重建
>>t1=-4:0.1:4;
>>f1=((1+cos(t1))/2).*(uCT(t1+pi)-uCT(t1-pi));
>>subplot(311);
```

```
>>plot(t1,f1,': '),hold on                %绘制包络线
>>stem(nTs,fs),grid on                    %绘制抽样信号
>>axis([-4 4 -0.1 1.1])
>>xlabel('nTs'),ylabel('f(nTs)');
>>title('抽样间隔 Ts=1 时的抽样信号 f(nTs)')
>>hold off
>>subplot(312)
>>plot(t,ft),grid on                      %绘制重建信号
>>axis([-4 4 -0.1 1.1])
>>xlabel('t'),ylabel('f(t)');
>>title('由 f(nTs)信号重建得到升余弦脉冲信号')
>>error=abs(ft-f1);
>>subplot(313)
>>plot(t,error),grid on
>>xlabel('t'),ylabel('error(t)');
>>title('重建信号与原升余弦脉冲信号的绝对误差')
```

程序运行结果如图 9-4 所示。从图 9-4 中可知,重建后的信号与原升余弦脉冲信号

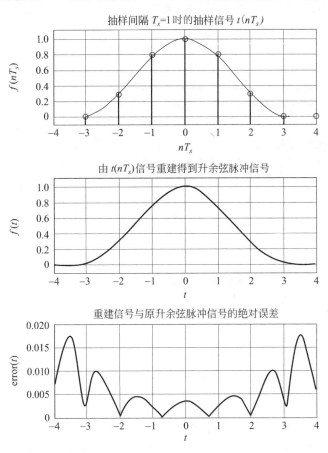

图 9-4 抽样信号的重建及误差分析

的误差在 10^2 以内,这是因为当选取升余弦脉冲信号带宽 $\omega_m = 2$ 时,实际上已经将很少的高频分量忽略了。

【实例 9-4】 如果将实例 9-3 中的抽样间隔修改为 $T_s = 2$,低通滤波器的截止频率修改为 $\omega_c = \omega_m$,那么,按照实例 9-2 的分析将会产生频率混叠,则重建的信号与原来的升余弦脉冲信号相比也会产生较大失真。按要求修改上述 MATLAB 程序,并分析失真的误差。

解:MATLAB 源程序为

```
>>wm=2;                          %升余弦脉冲信号带宽
>>wc=wm;                         %理想低通截止频率
>>Ts=2.5;                        %抽样间隔
>>n=-100:100;                    %计算时域点数
>>nTs=n*Ts;                      %时域采样点
>>fs=((1+cos(nTs))/2).*(uCT(nTs+pi)-uCT(nTs-pi));     %抽样信号
>>t=-4:0.1:4;
>>ft=fs*Ts*wc/pi*sinc((wc/pi)*(ones(length(nTs),1)*t-nTs'*ones(1,
length(t))));                   %信号重建
>>t1=-4:0.1:4;
>>f1=((1+cos(t1))/2).*(uCT(t1+pi)-uCT(t1-pi));
>>subplot(311);
>>plot(t1,f1,':'),hold on       %绘制包络线
>>stem(nTs,fs),grid on          %绘制抽样信号
>>axis([-4 4 -0.1 1.1])
>>xlabel('nTs'),ylabel('f(nTs)');
>>title('抽样间隔 Ts=2 时的抽样信号 f(nTs)')
>>hold off
>>subplot(312)
>>plot(t,ft),grid on            %绘制重建信号
>>axis([-4 4 -0.1 1.3])
>>xlabel('t'),ylabel('f(t)');
>>title('由 f(nTs)信号重建得到有失真的升余弦脉冲信号')
>>error=abs(ft-f1);
>>subplot(313)
>>plot(t,error),grid on
>>xlabel('t'),ylabel('error(t)');
>>title('重建信号与原升余弦脉冲信号的绝对误差')
```

程序运行结果如图 9-5 所示。

图 9-5 反映了信号不满足抽样定理时,即抽样间隔大于奈奎斯特间隔的情况下信号的重建。与升余弦脉冲信号作比较可发现有较大的失真产生,且绝对误差十分明显。

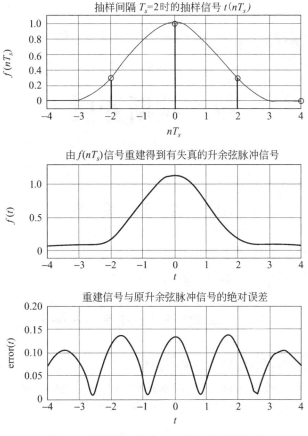

图 9-5　不满足抽样定理条件的信号的重建

9.3　编 程 练 习

1. 设有三个不同频率的正弦信号,频率分别为 $f_1 = 100\,\mathrm{Hz}$, $f_2 = 200\,\mathrm{Hz}$, $f_3 = 3800\,\mathrm{Hz}$。现在用抽样频率 $f_s = 4000\,\mathrm{Hz}$ 对这三个正弦信号进行抽样,用 MATLAB 命令画出各抽样信号的波形及其频谱,并分析其频率混叠现象。

2. 结合抽样定理,用 MATLAB 编程实现 $\mathrm{Sa}(t)$ 信号经冲激脉冲抽样后得到的抽样信号 $f_s(t)$ 及其频谱,并利用 $f_s(t)$ 重构 $\mathrm{Sa}(t)$ 信号。

第 10 章

拉普拉斯变换

10.1 实验目的

- 学会运用 MATLAB 求拉普拉斯变换；
- 学会运用 MATLAB 求拉普拉斯反变换。

10.2 实验原理及实例分析

拉普拉斯变换是分析连续信号与系统的重要方法。运用拉氏变换可以将连续时间 LTI 系统的时域模型简便地进行变换，经求解再还原为时域解。从数学角度来看，拉氏变换是求解常系数线性微分方程的工具。由拉氏变换导出的系统函数对系统特性分析也具有重要意义。

10.2.1 拉普拉斯变换

对于不满足狄里赫利条件中绝对可积条件的时域信号，例如阶跃信号 $u(t)$、单边正弦信号 $\sin(\omega_0 t)u(t)$ 等，它们不存在傅里叶变换。为了使更多的函数存在变换，并简化某些变换形式或运算过程，引入收敛因子 $e^{-\sigma t}$，其中，σ 为任意实数，使得 $f(t)e^{-\sigma t}$ 满足绝对可积条件，从而求 $f(t)e^{-\sigma t}$ 的傅里叶变换，即把频域扩展为复频域。

连续时间信号 $f(t)$ 的拉普拉斯变换定义为

$$F(s) = \int_{-\infty}^{\infty} f(t)e^{-st}\,dt \qquad (10\text{-}1)$$

拉普拉斯反变换定义为

$$f(t) = \frac{1}{2\pi j}\int_{\sigma-\infty}^{\sigma+\infty} F(s)e^{st}\,ds \qquad (10\text{-}2)$$

式 10-1 与式 10-2 构成了拉普拉斯变换对，$F(s)$ 称为 $f(t)$ 的像函数，而 $f(t)$ 称为 $F(s)$ 的原函数。可以将拉普拉斯变换理解为广义的傅里叶变换。

考虑到实际问题，人们用物理手段和实验方法所能记录和处理的一切信号都是有起始时刻的，对于这类单边信号或因果信号，我们引入单边拉普拉斯变换，定义为

$$F(s) = \int_0^\infty f(t)\mathrm{e}^{-st}\,\mathrm{d}t \qquad (10\text{-}3)$$

如果连续时间信号 $f(t)$ 可用符号表达式表达,则可利用 MATLAB 的符号数学工具箱中 laplace 函数来实现其单边拉普拉斯变换,其语句格式为

```
L=laplace(f)
```

式中 L 返回的是默认符号为自变量 s 的符号表达式;f 则为时域符号表达式,可通过 sym 函数来定义。

【实例 10-1】 试用 MATLAB 的 laplace 函数求 $f(t) = \mathrm{e}^{-t}\sin(at)u(t)$ 的拉普拉斯变换。

解:MATLAB 源程序为

```
>>f=sym('exp(-t) * sin(a * t)');
>>L=laplace(f)
```

或

```
>>syms a t
>>L=laplace(exp(-t) * sin(a * t));
```

以上两个程序的运行结果均为

```
L=
    a/((s+1)^2+a^2)
```

laplace 函数另一种语句格式为

```
L=laplace(f,v)
```

它返回的函数 L 是关于符号对象 v 的函数,而不是默认的 s。例如,在实例 10-1 中如果要求拉普拉斯变换后的表达式自变量为 v,则 MATLAB 源程序为

```
>>syms a t v
>>f=exp(-t) * sin(a * t);
>>L=laplace(f,v)
```

运行结果为

```
L=
    a/((v+1)^2+a^2)
```

10.2.2 拉普拉斯反变换

1. 基于 MATLAB 符号数学工具箱实现拉普拉斯反变换

如果连续时间信号 $f(t)$ 用符号表达式表达,则可利用 MATLAB 符号数学工具箱中的 ilaplace 函数来实现拉普拉斯反变换,其语句格式为

```
f=ilaplace(L)
```

式中 f 返回的是默认符号为自变量 t 的符号表达式；L 则为 s 域符号表达式，也可通过 sym 函数来定义。

【实例 10-2】 试用 MATLAB 的 ilaplace 函数求 $F(s)=\dfrac{s^2}{s^2+1}$ 的拉普拉斯变换。

解：MATLAB 源程序为

```
>>F=sym('s^2/(s^2+1)');
>>ft=ilaplace(F)
```

或

```
>>syms s
>>ft=ilaplace(s^2/(s^2+1))
```

以上两个程序的运行结果均为

```
ft=
    Dirac(t)-sin(t)
```

2. 基于 MATLAB 部分分式展开法实现拉普拉斯反变换

用 MATLAB 函数 residue 可得到复杂有理分式 $F(s)$ 的部分分式展开式，其语句格式为

```
[r,p,k]=residue(B,A)
```

其中，B、A 分别表示 $F(s)$ 的分子和分母多项式的系数向量；r 为部分分式的系数；p 为极点；k 为 $F(s)$ 中整式部分的系数。若 $F(s)$ 为有理真分式，则 k 为 0。

【实例 10-3】 利用 MATLAB 部分分式展开法求 $F(s)=\dfrac{s+2}{s^3+4s^2+3s}$ 的反变换。

解：MATLAB 源程序为

```
>>format rat;
>>B=[1,2];
>>A=[1,4,3,0];
>>[r,p]=residue(B,A)
```

程序中的 format rat 是将结果数据以分数的形式表示，其运行结果为

```
r=
    -1/6
    -1/2
     2/3
p=
    -3
    -1
     0
```

从上述结果可知，$F(s)$ 有三个单实极点，即 $p_1=-3$、$p_2=-1$、$p_3=0$，其对应部分分

式展开系数为 $C_1 = -\dfrac{1}{6}$、$C_2 = -\dfrac{1}{2}$、$C_3 = \dfrac{2}{3}$。因此，$F(s)$ 可展开为

$$F(s) = \frac{2/3}{s} + \frac{-1/2}{s+1} + \frac{-1/6}{s+3}$$

所以，$F(s)$ 的反变换为

$$f(t) = \left[\frac{2}{3} - \frac{1}{2}\mathrm{e}^{-t} - \frac{1}{6}\mathrm{e}^{-3t}\right]u(t)$$

【**实例 10-4**】　利用 MATLAB 部分分式展开法求 $F(s) = \dfrac{s^3 + 5s^2 + 9s + 7}{s^2 + 3s + 2}$ 的反变换。

解：MATLAB 源程序为

```
>>format rat;
>>B=[1,5,9,7];
>>A=[1,3,2];
>>[r,p,k]=residue(B,A)
```

其运行结果为

```
r=
  -1
   2
p=
  -2
  -1
k=
  1  2
```

由于 $F(s)$ 不是真分式，上述结果 k 返回 $F(s)$ 整式部分的系数。因此，$F(s)$ 可展开为

$$F(s) = s + 2 + \frac{2}{s+1} + \frac{-1}{s+2}$$

所以，$F(s)$ 的反变换为

$$f(t) = \delta'(t) + 2\delta(t) + (2\mathrm{e}^{-t} - \mathrm{e}^{-2t})u(t)$$

【**实例 10-5**】　利用 MATLAB 部分分式展开法求 $F(s) = \dfrac{s-2}{s\,(s+1)^3}$ 的反变换。

解：$F(s)$ 的分母不是标准的多项式形式，可利用 MATLAB 的 conv 函数将因子相乘的形式转换为多项式的形式，其 MATLAB 源程序为

```
>>B=[1,-2];
>>A=conv(conv([1,0],[1,1]),conv([1,1],[1,1]));
>>[r,p]=residue(B,A)
```

程序的运行结果为

```
r=
   2
   2
```

```
            3
           -2
   p=
           -1
           -1
           -1
            0
```

因此，$F(s)$ 可展开为

$$F(s) = \frac{2}{s+1} + \frac{2}{(s+1)^2} + \frac{3}{(s+1)^3} + \frac{-2}{s}$$

所以，$F(s)$ 的反变换为

$$f(t) = (2e^{-t} + 2te^{-t} + 1.5t^2 e^{-t} - 2)u(t)$$

10.2.3 拉普拉斯变换法求解微分方程

拉普拉斯变换法是分析连续时间 LTI 系统的重要手段。拉普拉斯变换将时域中的常系数线性微分方程，变换为复频域中的线性代数方程，而且系统的起始条件同时体现在该代数方程中，因而大大简化了微分方程的求解。借助 MATLAB 符号数学工具箱实现拉普拉斯正反变换的方法可以求解微分方程，即求得系统的完全响应。

【实例 10-6】 系统的微分方程为

$$y''(t) + 3y'(t) + 2y(t) = x(t) \tag{10-4}$$

已知激励信号 $x(t) = 4e^{-2t}u(t)$，起始条件为 $y(0_-) = 3$，$y'(0_-) = 4$，求系统的零输入响应 $y_{zi}(t)$、零状态响应 $y_{zs}(t)$ 以及完全响应 $y(t)$。

解：对式 10-4 两边进行拉普拉斯变换，并利用起始条件，得

$$s^2Y(s) - sy(0_-) - y'(0_-) + 3[sY(s) - y(0_-)] + 2Y(s) = X(s)$$

其中，$X(s)$ 为激励信号 $x(t)$ 的拉氏变换，代入起始条件，整理上式，得

$$Y(s) = \frac{3s+13}{s^2+3s+2} + \frac{X(s)}{s^2+3s+2} \tag{10-5}$$

其中，式 10-5 中第一项为零输入响应 $y_{zi}(t)$ 的拉氏变换，第二项为零状态响应 $y_{zs}(t)$ 的拉氏变换。可以利用 MATLAB 求其时域解，MATLAB 源程序为

```
>>syms t s
>>Yzis=(3 * s+13)/(s^2+3 * s+2);
>>yzi=ilaplace(Yzis)
yzi=
    -7 * exp(-2 * t)+10 * exp(-t)
>>xt=4 * exp(-2 * t) * Heaviside(t);
>>Xs=laplace(xt);
>>Yzss=Xs/(s^2+3 * s+2);
>>yzs=ilaplace(Yzss)
yzs=
    4 * (-1-t) * exp(-2 * t)+4 * exp(-t)
```

```
>>yt=simplify(yzi+yzs)
yt=
    -11*exp(-2*t)+14*exp(-t)-4*t*exp(-2*t)
```

系统的零输入响应为 $y_{zi}(t)=(10\mathrm{e}^{-t}-7\mathrm{e}^{-2t})u(t)$

系统的零状态响应为 $y(t)=(4\mathrm{e}^{-t}-4t\mathrm{e}^{-2t}-4\mathrm{e}^{-2t})u(t)$

完全响应为 $y(t)=y_{zi}(t)+y_{zs}(t)=(14\mathrm{e}^{-t}-4t\mathrm{e}^{-2t}-11\mathrm{e}^{-2t})u(t)$

10.3　编　程　练　习

1. 试用 MATLAB 命令求下列函数的拉普拉斯变换。

(1) te^{-3t}　　　　　　　　　(2) $(1+3t+5t^2)\mathrm{e}^{-2t}$

2. 试用 MATLAB 命令求下列函数的拉普拉斯反变换。

(1) $\dfrac{1}{2s+3}$　　　　　　　(2) $\dfrac{3}{(s+5)(s+2)}$

(3) $\dfrac{3s}{(s+5)(s+2)}$　　　　(4) $\dfrac{1}{s^2(s^2+2s+2)}$

3. 已知某线性时不变系统的系统函数为

$$H(s)=\frac{4s^2+4s+4}{s^3+3s^2+2s}$$

利用 MATLAB 的拉普拉斯变换法求系统的单位阶跃响应。

第 11 章

连续时间 LTI 系统的零极点分析

11.1 实 验 目 的

- 学会运用 MATLAB 求解系统函数的零极点；
- 学会运用 MATLAB 分析系统函数的零极点分布与其时域特性的关系；
- 学会运用 MATLAB 分析系统函数的极点分布与系统稳定性的关系；
- 学会运用 MATLAB 绘制波特图。

11.2 实验原理及实例分析

11.2.1 系统函数及其零极点的求解

系统零状态响应的拉普拉斯变换与激励的拉普拉斯变换之比称为系统函数 $H(s)$，即

$$H(s) = \frac{Y_{zs}(s)}{X(s)} = \frac{\sum_{j=0}^{m} b_j s^j}{\sum_{i=0}^{n} a_i s^i} = \frac{b_m s^m + b_{m-1} s^{m-1} + \cdots + b_1 s + b_0}{a_n s^n + a_{n-1} s^{n-1} + \cdots + a_1 s + a_0} \tag{11-1}$$

在连续时间 LTI 系统的复频域分析中，系统函数起着十分重要的作用，它反映了系统的固有特性。

系统函数 $H(s)$ 通常是一个有理分式，其分子和分母均为可分解因子形式的多项式，各项因子表明了 $H(s)$ 零点和极点的位置，从零极点的分布情况可确定系统的性质。$H(s)$ 零极点的计算可应用 MATLAB 中的 roots 函数，分别求出分子和分母多项式的根即可。

【实例 11-1】 已知系统函数为

$$H(s) = \frac{s-2}{s^2 + 4s + 5}$$

试用 MATLAB 命令画出其零极点分布图。

解： MATLAB 源程序为

```
>>b=[1,-2];
```

```
>>a=[1,4,5];
>>zs=roots(b);
>>ps=roots(a);
>>plot(real(zs),imag(zs),'blacko',real(ps),imag(ps),'blackx','markersize',12);
>>axis([-3,3,-2,2]);grid;
>>legend('零点','极点');
```

程序中,markersize 为标识符号大小变量,紧随其后的为该变量的值。程序运行结果如图 11-1 所示。

在 MATLAB 中还有一种简捷的方法画系统函数 $H(s)$ 的零极点分布图,即采用 pzmap 函数,其语句格式为

```
pzmap(sys)
```

其中,sys 表示 LTI 系统的模型。LTI 系统模型的定义可通过 tf 函数获得,其语句格式为

```
sys=tf(b,a)
```

其中,b 和 a 分别为系统函数 $H(s)$ 的分子和分母多项式的系数向量。因此,实例 11-1 的 MATLAB 源程序可为

```
>>b=[1,-2];
>>a=[1,4,5];
>>sys=tf(b,a);
>>pzmap(sys)
>>axis([-3,3,-2,2])
```

其运行结果的图形如图 11-2 所示。

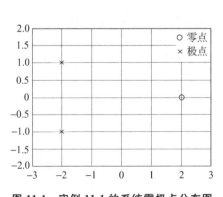

图 11-1　实例 11-1 的系统零极点分布图

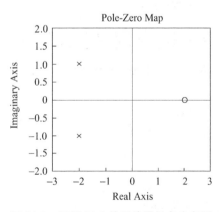

图 11-2　实例 11-1 的系统零极点分布图

如果要求出零极点的值,可利用 MATLAB 中的 pole 函数和 zero 函数。例如,求解实例 11-1 中系统函数的零极点,MATLAB 源程序为

```
>>b=[1,-2];
>>a=[1,4,5];
```

```
>>sys=tf(b,a);
>>p=pole(sys)
p=
   -2.0000+1.0000i
   -2.0000 -1.0000i
>>z=zero(sys)
z=
   2
```

可见,所得结果与零极点分布图一致。

11.2.2 系统函数的零极点分布与其时域特性的关系

在系统冲激响应特性的探讨中,由于系统函数 $H(s)$ 的拉氏反变换就是冲激响应 $h(t)$,即 $h(t)=L^{-1}[H(s)]$,所以只要讨论系统函数 $H(s)$ 零极点分布规律就可以了。在系统零状态响应特性的探讨中,由于 $y_{zs}(t)=L^{-1}[H(s)X(s)]$,所以必须考虑 $H(s)X(s)$ 的零极点分布规律。这两种情况本质上是一样的。下面只讨论 $H(s)$ 的零极点分布对冲激响应 $h(t)$ 的影响。如果对系统的零状态响应特性进行分析,则将讨论对象改为 $H(s)X(s)$ 就可以了,所有结论是一样的。

已知系统函数 $H(s)$,系统单位冲激响应 $h(t)$ 的求解可利用 impulse 函数。下面通过一阶极点情况的实例,来说明系统函数的零极点分布与系统时域特性的关系。多重极点情况的分析方法类似。

【**实例 11-2**】 试用 MATLAB 画出下列系统函数的零极点分布图以及对应的时域单位冲激响应波形,同时分析系统函数极点对时域波形的影响。

(1) $H_1(s)=\dfrac{1}{s}$ (2) $H_2(s)=\dfrac{1}{s-1}$ (3) $H_3(s)=\dfrac{1}{s+1}$

(4) $H_4(s)=\dfrac{1}{(s-1)^2+49}$ (5) $H_5(s)=\dfrac{1}{(s+1)^2+49}$ (6) $H_6(s)=\dfrac{1}{s^2+1}$

解:MATLAB 源程序为

```
>>b1=[1];
>>a1=[1 0];
>>sys1=tf(b1,a1);
>>subplot(121)
>>pzmap(sys1)
>>axis([-2,2,-2,2])
>>subplot(122)
>>impulse(b1,a1)
>>figure
>>b2=[1];
>>a2=[1 -1];
>>sys2=tf(b2,a2);
>>subplot(121)
```

```
>>pzmap(sys2)
>>axis([-2,2,-2,2])
>>subplot(122)
>>impulse(b2,a2)
>>figure
>>b3=[1];
>>a3=[1 1];
>>sys3=tf(b3,a3);
>>subplot(121)
>>pzmap(sys3)
>>axis([-2,2,-2,2])
>>subplot(122)
>>impulse(b3,a3)
>>figure
>>b4=[1];
>>a4=[1 -2 50];
>>sys4=tf(b4,a4);
>>subplot(121)
>>pzmap(sys4)
>>axis([-2,2,-8,8])
>>subplot(122)
>>impulse(b4,a4)
>>figure
>>b5=[1];
>>a5=[1 2 50];
>>sys5=tf(b5,a5);
>>subplot(121)
>>pzmap(sys5)
>>axis([-2,2,-8,8])
>>subplot(122)
>>impulse(b5,a5)
>>figure
>>b6=[1];
>>a6=[1 0 1];
>>sys6=tf(b6,a6);
>>subplot(121)
>>pzmap(sys6)
>>axis([-2,2,-2,2])
>>subplot(122)
>>impulse(b6,a6)
```

程序运行后产生图 11-3 所示的 (a)、(b)、(c)、(d)、(e)、(f) 6 个图，分别代表 $H_1(s)$、$H_2(s)$、$H_3(s)$、$H_4(s)$、$H_5(s)$、$H_6(s)$ 的零极点分布图及其对应的时域系统冲激响应。

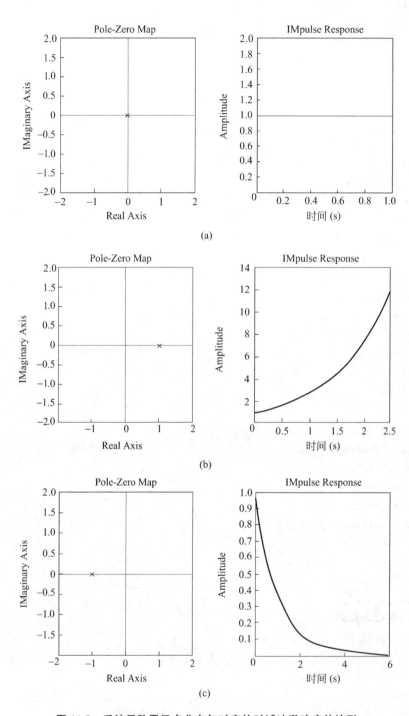

图 11-3 系统函数零极点分布与对应的时域冲激响应的波形

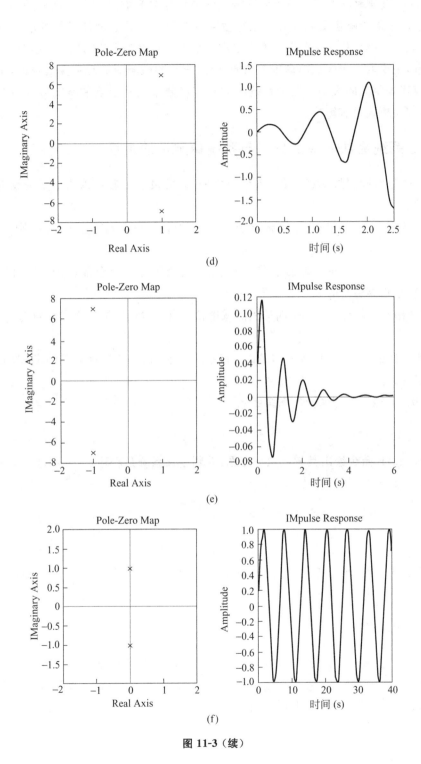

图 11-3（续）

图 11-3 直观地反映了系统函数零极点的位置与冲激响应波形之间的关系。极点对冲激响应波形的影响主要在于：一是冲激响应波形是指数衰减还是指数增长或等幅振荡，主要取决于极点位于 s 左半平面还是右半平面或在虚轴上；二是冲激响应波形衰减或增长快慢，主要取决于极点离虚轴距离的远近；三是冲激响应波形振荡的快慢，主要取决于极点离实轴距离的大小。至于系统函数的零点分布则只影响冲激响应函数的幅度和相位，对响应模式没有影响。

11.2.3　系统函数的极点分布与系统稳定性的关系

对于连续时间因果 LTI 系统，系统函数 $H(s)$ 的极点分布可以给出系统稳定性的结论。主要为

（1）当 $H(s)$ 的所有极点全部位于 s 平面的左半平面，不包含虚轴，则系统是稳定的。

（2）当 $H(s)$ 在 s 平面虚轴上有一阶极点，其余所有极点全部位于 s 平面的左半平面，则系统是临界稳定的。

（3）当 $H(s)$ 含有 s 右半平面的极点或虚轴上有二阶或二阶以上的极点时，系统是不稳定的。

依照上述原则，只需在 MATLAB 中将系统函数 $H(s)$ 的极点分布绘出，即可判定系统的稳定性。

【**实例 11-3**】　已知系统的系统函数为

$$H(s) = \frac{s^2 + 4s + 3}{s^3 + s^2 + 7s + 2}$$

试用 MATLAB 命令绘出其零极点分布图，并判定该系统是否稳定。

解：MATLAB 源程序为

```
>>b=[1 4 3];a=[1 1 7 2];
>>sys=tf(b,a);
>>pzmap(sys)
```

程序结果如图 11-4 所示，可见该系统函数的极点全部位于 s 左半平面，因此系统稳定。

11.2.4　波特图

波特图是工程上表示系统频率特性的常用方法。采用对数坐标的幅频特性和相频特性曲线就称为波特图，它可以显示频率响应间的微小差异。MATLAB 提供了函数 bode 来绘制系统的波特图。其语句格式为

```
bode(sys)
```

其中，sys 表示 LTI 系统的模型。

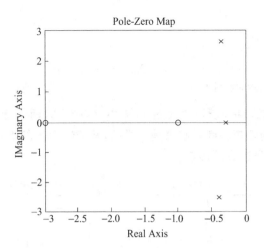

图 11-4　实例 11-3 系统函数零极点分布图

下面举例来观察对数坐标的波特图和第 8 章所讲过的线性坐标下幅频特性和相频特性图的对比。

【实例 11-4】　已知两个系统的系统函数分别为

$$H_1(s) = \frac{1}{s+1} \quad H_2(s) = \frac{30}{s^2+31s+30}$$

利用 MATLAB 的 freqs 函数画出它们的线性坐标下的幅频特性和相频特性图，再用 bode 函数画出它们的波特图，比较两种频率响应表达方式。

解：系统显然是稳定的，因此可先用 freqs 画出幅频特性和相频特性图，MATLAB 源程序为

```
>>w=-8 * pi：0.01：8 * pi;
>>b1=[1];
>>a1=[1,1];
>>H=freqs(b1,a1,w);
>>subplot(221)
>>plot(w,abs(H)),grid on
>>xlabel('\omega(rad/s)'),ylabel('|H(\omega)|')
>>title('H1(s)的幅频特性')
>>subplot(222)
>>plot(w,angle(H)),grid on
>>xlabel('\omega(rad/s)'),ylabel('\phi(\omega)')
>>title('H1(s)的相频特性')
>>b2=[30];
>>a2=[1,31,30];
>>H=freqs(b2,a2,w);
>>subplot(223)
>>plot(w,abs(H)),grid on
>>xlabel('\omega(rad/s)'),ylabel('|H(\omega)|')
```

```
>>title('H2(s)的幅频特性')
>>subplot(224)
>>plot(w,angle(H)),grid on
>>xlabel('\omega(rad/s)'),ylabel('\phi(\omega)')
>>title('H2(s)的相频特性')
```

程序运行结果如图 11-5 所示。从图 11-4 中可以看到,两个看上去差异很大的系统函数,在线性坐标下的幅频特性看起来是一样的,相频特性虽然确实有些差异,但是无法直观地看出系统对信号造成的影响。

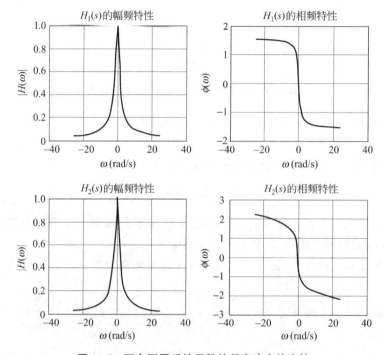

图 11-5 两个不同系统函数的频率响应的比较

现在,用 bode 函数画出这两个系统的波特图。为了方便比较,我们将两个系统的波特图画在一张图中,MATLAB 源程序为

```
>>figure
>>sys1=tf(b1,a1);
>>sys2=tf(b2,a2);
>>bode(sys1);grid on
>>hold on                    %保持本图并准备画下面的图
>>bode(sys2);grid on
>>hold off
>>text(80,150,'H1(s)');      %显示文字标注
>>text(80,-80,'H1(s)');
>>text(30,120,'H2(s)');
>>text(30,-160,'H2(s)');
```

程序运行结果如图 11-6 所示。从波特图中可以很直观地看出这两个系统的差异,尤其是从幅频特性可以看出两个系统在高频部分的差异性,这比在线性坐标观察下明显得多。

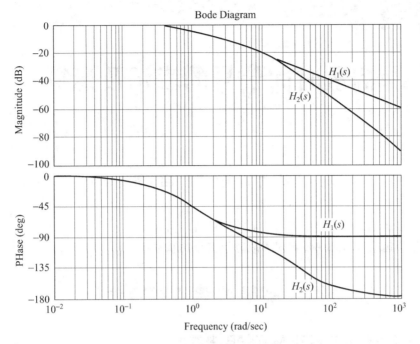

图 11-6 两个不同系统频率响应的波特图比较

11.3 编 程 练 习

1. 试用 MATLAB 命令画出下列系统函数的零极点分布图,并判断其稳定性。

(1) $H(s)=\dfrac{s(s+2)}{s^2+8}$ (2) $H(s)=\dfrac{s(s-2)}{s^2+8}$

(3) $H(s)=\dfrac{s^2}{s^2+4s+8}$ (4) $H(s)=\dfrac{s^2}{s^2-4s+8}$

(5) $H(s)=\dfrac{s}{s^3-4s^2+8s}$

2. 试用 MATLAB 命令实现下列含有二阶极点的系统函数所对应的时域冲激响应的波形,并分析系统函数对时域波形的影响。

(1) $H_1(s)=\dfrac{1}{s^2}$ (2) $H_2(s)=\dfrac{1}{(s+1)^2}$ (3) $H_3(s)=\dfrac{14s}{(s^2+49)^2}$

3. 已知系统函数为 $H(s)=\dfrac{1}{s^2+2as+1}$,试用 MATLAB 画出 $a=0$、$1/4$、1、2 时系统的零极点分布图。如果系统是稳定的,画出系统的幅频特性曲线,并分析系统极点位置对系统的幅频特性有何影响?(提示:利用 freqs 函数。)

第 12 章

离散时间信号的表示及运算

12.1 实验目的

- 学会运用 MATLAB 表示的常用离散时间信号；
- 学会运用 MATLAB 实现离散时间信号的基本运算。

12.2 实验原理及实例分析

12.2.1 离散时间信号在 MATLAB 中的表示

离散时间信号是指在离散时刻才有定义的信号,简称离散信号,或者序列。离散序列通常用 $x(n)$ 来表示,自变量必须是整数。

离散时间信号的波形绘制在 MATLAB 中,一般用 stem 函数。stem 函数的基本用法和 plot 函数一样,它绘制的波形图的每个样本点上都有一个小圆圈,默认是空心的。如果要实心,需使用参数 fill、filled 或者参数". "。由于 MATLAB 中矩阵元素的个数有限,所以 MATLAB 只能表示一定时间范围内有限长度的序列;而对于无限序列,也只能在一定时间范围内表示出来。类似于连续时间信号,离散时间信号也有一些典型的。

1. 单位取样序列

单位取样序列 $\delta(n)$,也称为单位冲激序列,定义为

$$\delta(n) = \begin{cases} 1 & (n = 0) \\ 0 & (n \neq 0) \end{cases} \tag{12-1}$$

要注意,单位冲激序列不是单位冲激函数的简单离散抽样,它在 $n=0$ 处是取确定的值 1。在 MATLAB 中,冲激序列可以通过编写以下的 impDT. m 文件来实现,即

```
function y=impDT(n)
y=(n==0);              %当参数为 0 时冲激为 1,否则为 0
```

调用该函数时 n 必须为整数或整数向量。

【实例 12-1】 利用 MATLAB 的 impDT 函数绘出单位冲激序列的波形图。

解：MATLAB 源程序为

```
>>n=-3：3;
>>x=impDT(n);
>>stem(n,x,'fill'),xlabel('n'),grid on
>>title('单位冲激序列')
>>axis([-3 3 -0.1 1.1])
```

程序运行结果如图 12-1 所示。

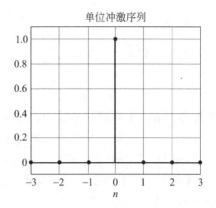

图 12-1　单位冲激序列

2. 单位阶跃序列

单位阶跃序列 $u(n)$ 定义为

$$u(n) = \begin{cases} 1 & (n \geqslant 0) \\ 0 & (n < 0) \end{cases} \tag{12-2}$$

在 MATLAB 中，冲激序列可以通过编写 uDT.m 文件来实现，即

```
function y=uDT(n)
y=n>=0;                    %当参数为非负时输出 1
```

调用该函数时 n 也同样必须为整数或整数向量。

【实例 12-2】 利用 MATLAB 的 uDT 函数绘出单位阶跃序列的波形图。

解：MATLAB 源程序为

```
>>n=-3：5;
>>x=uDT(n);
>>stem(n,x,'fill'),xlabel('n'),grid on
>>title('单位阶跃序列')
>>axis([-3 5 -0.1 1.1])
```

程序运行结果如图 12-2 所示。

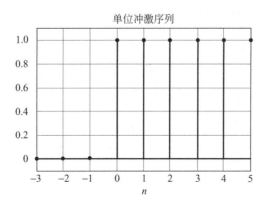

图 12-2　单位阶跃序列

3. 矩形序列

矩形序列 $R_N(n)$ 定义为

$$R_N(n) = \begin{cases} 1 & (0 \leqslant n \leqslant N-1) \\ 0 & (n < 0, n \geqslant N) \end{cases} \tag{12-3}$$

矩形序列有一个重要的参数,就是序列宽度 N。$R_N(n)$ 与 $u(n)$ 之间的关系为

$$R_N(n) = u(n) - u(n-N)$$

因此,用 MATLAB 表示矩形序列可利用上面所讲的 uDT 函数。

【实例 12-3】 利用 MATLAB 命令绘出矩形序列 $R_5(n)$ 的波形图。

解:MATLAB 源程序为

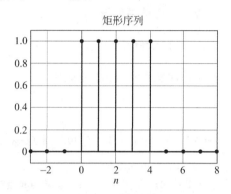

图 12-3   矩形序列

```
>>n=-3:8;
>>x=uDT(n)-uDT(n-5);
>>stem(n,x,'fill'),xlabel('n'),grid on
>>title('矩形序列')
>>axis([-3 8 -0.1 1.1])
```

程序运行结果如图 12-3 所示。

4. 单边指数序列

单边指数序列定义为

$$x(n) = a^n u(n) \tag{12-4}$$

【实例 12-4】 试用 MATLAB 命令分别绘制单边指数序列 $x_1(n) = 1.2^n u(n)$、$x_2(n) = (-1.2)^n u(n)$、$x_3(n) = (0.8)^n u(n)$、$x_4(n) = (-0.8)^n u(n)$ 的波形图。

解:MATLAB 源程序为

```
>>n=0:10;
>>a1=1.2;a2=-1.2;a3=0.8;a4=-0.8;
>>x1=a1.^n;x2=a2.^n;x3=a3.^n;x4=a4.^n;
>>subplot(221)
>>stem(n,x1,'fill'),grid on
>>xlabel('n'),title('x(n)=1.2^{n}')
>>subplot(222)
>>stem(n,x2,'fill'),grid on
>>xlabel('n'),title('x(n)=(-1.2)^{n}')
>>subplot(223)
>>stem(n,x3,'fill'),grid on
>>xlabel('n'),title('x(n)=0.8^{n}')
>>subplot(224)
>>stem(n,x4,'fill'),grid on
>>xlabel('n'),title('x(n)=(-0.8)^{n}')
```

单边指数序列 n 的取值范围为 $n \geqslant 0$。程序运行结果如图 12-4 所示。从图 12-4 中可知，当 $|a| > 1$ 时，单边指数序列发散；当 $|a| < 1$ 时，该序列收敛。当 $a > 0$ 时，该序列均取正值；当 $a < 0$ 时，序列在正负之间摆动。

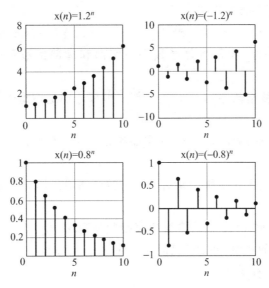

图 12-4　单边指数序列

5. 正弦序列

正弦序列定义为

$$x(n) = \sin(n\omega_0 + \varphi) \tag{12-5}$$

其中，ω_0 是正弦序列的数字域频率；φ 为初相。与连续的正弦信号不同，正弦序列的自变量 n 必须为整数。可以证明，只有当 $\dfrac{2\pi}{\omega_0}$ 为有理数时，正弦序列才具有周期性。

【实例 12-5】　试用 MATLAB 命令绘制正弦序列 $x(n) = \sin\left(\dfrac{n\pi}{6}\right)$ 的波形图。

解：MATLAB 源程序为

```
>>n=0: 39;
>>x=sin(pi/6 * n);
>> stem (n, x, ' fill '), xlabel ('n '),
grid on
>>title('正弦序列')
>>axis([0,40,-1.5,1.5]);
```

程序运行结果如图 12-5 所示。

6. 复指数序列

复指数序列定义为

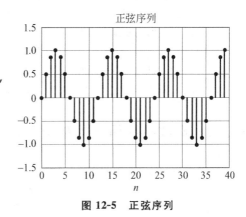

图 12-5　正弦序列

$$x(n) = \mathrm{e}^{(a+j\omega_0)n} \tag{12-6}$$

当 $a=0$ 时,得到虚指数序列 $x(n)=\mathrm{e}^{j\omega_0 n}$,式中 ω_0 是正弦序列的数字域频率。由欧拉公式知,复指数序列可进一步表示为

$$x(n) = \mathrm{e}^{(a+j\omega_0)n} = \mathrm{e}^{an}\mathrm{e}^{j\omega_0 n} = \mathrm{e}^{an}[\cos(n\omega_0)+j\sin(n\omega_0)] \tag{12-7}$$

与连续复指数信号一样,我们将复指数序列实部和虚部的波形分开讨论,得出如下结论。

(1) 当 $a>0$ 时,复指数序列 $x(n)$ 的实部和虚部分别是按指数规律增长的正弦振荡序列;

(2) 当 $a<0$ 时,复指数序列 $x(n)$ 的实部和虚部分别是按指数规律衰减的正弦振荡序列;

(3) 当 $a=0$ 时,复指数序列 $x(n)$ 即为虚指数序列,其实部和虚部分别是等幅的正弦振荡序列。

【实例 12-6】 用 MATLAB 命令画出复指数序列 $x(n)=2\mathrm{e}^{(-\frac{1}{10}+j\frac{\pi}{6})n}$ 的实部、虚部、模及相角随时间变化的曲线,并观察其时域特性。

解:MATLAB 源程序为

```
>>n=0: 30;
>>A=2;a=-1/10;b=pi/6;
>>x=A * exp((a+i * b) * n);
>>subplot(2,2,1)
>>stem(n,real(x),'fill'),grid on
>>title('实部'),axis([0,30,-2,2]),xlabel('n')
>>subplot(2,2,2)
>>stem(n,imag(x),'fill'),grid on
>>title('虚部'),axis([0,30,-2,2]) ,xlabel('n')
>>subplot(2,2,3)
>>stem(n,abs(x),'fill'),grid on
>>title('模'),axis([0,30,0,2]) ,xlabel('n')
>>subplot(2,2,4)
>>stem(n,angle(x),'fill'),grid on
>>title('相角'),axis([0,30,-4,4]) ,xlabel('n')
```

程序运行后,产生如图 12-6 所示的波形。

12.2.2　离散时间信号的基本运算

对离散时间序列实行基本运算可得到新的序列,这些基本运算主要包括加、减、乘、除、移位和反折等。两个序列的加减乘除是对应离散样点值的加减乘除,因此,可通过 MATLAB 的点乘和点除、序列移位和反折来实现,与连续时间信号处理方法基本一样。

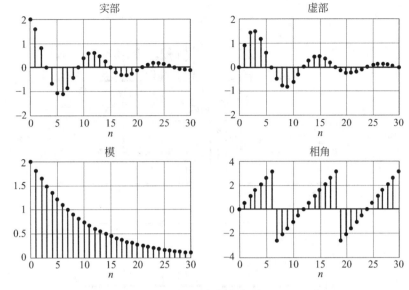

图 12-6 复指数序列

【实例 12-7】 用 MATLAB 命令画出下列离散时间信号的波形图。

(1) $x_1(n) = a^n [u(n) - u(n-N)]$;　　　　(2) $x_2(n) = x_1(n+3)$

(3) $x_3(n) = x_1(n-2)$;　　　　　　　　(4) $x_4(n) = x_1(-n)$

解：设 $a = 0.8, N = 8$，MATLAB 源程序为

```
>>a=0.8;N=8;n=-12：12;
>>x=a.^n.*(uDT(n)-uDT(n-N));
>>n1=n;n2=n1-3;n3=n1+2;n4=-n1;
>>subplot(411)
>>stem(n1,x,'fill'),grid on
>>title('x1(n)'),axis([-15 15 0 1])
>>subplot(412)
>>stem(n2,x,'fill'),grid on
>>title('x2(n)'),axis([-15 15 0 1])
>>subplot(413)
>>stem(n3,x,'fill'),grid on
>>title('x3(n)'),axis([-15 15 0 1])
>>subplot(414)
>>stem(n4,x,'fill'),grid on
>>title('x4(n)'),axis([-15 15 0 1])
```

其波形如图 12-7 所示。

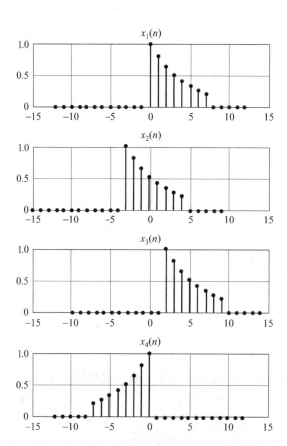

图 12-7　离散时间信号的基本运算及波形图

12.3　编　程　练　习

1. 试用 MATLAB 命令分别绘出下列各序列的波形图。

(1) $x(n) = \left(\dfrac{1}{2}\right)^n u(n)$ 　　　　　　(2) $x(n) = 2^n u(n)$

(3) $x(n) = \left(-\dfrac{1}{2}\right)^n u(n)$ 　　　　　(4) $x(n) = (-2)^n u(n)$

(5) $x(n) = 2^{n-1} u(n-1)$ 　　　　　(6) $x(n) = \left(\dfrac{1}{2}\right)^{n-1} u(n)$

2. 试用 MATLAB 分别绘出下列各序列的波形图。

(1) $x(n) = \sin\dfrac{n\pi}{5}$ 　　　　　　(2) $x(n) = \cos\left(\dfrac{n\pi}{10} - \dfrac{\pi}{5}\right)$

(3) $x(n) = \left(\dfrac{5}{6}\right)^n \sin\dfrac{n\pi}{5}$ 　　　　　(4) $x(n) = \left(\dfrac{3}{2}\right)^n \sin\dfrac{n\pi}{5}$

第13章

离散时间 LTI 系统的时域分析

13.1 实 验 目 的

- 学会运用 MATLAB 求解离散时间系统的零状态响应；
- 学会运用 MATLAB 求解离散时间系统的单位取样响应；
- 学会运用 MATLAB 求解离散时间系统的卷积和。

13.2 实验原理及实例分析

13.2.1 离散时间系统的响应

离散时间 LTI 系统可用线性常系数差分方程来描述，即

$$\sum_{i=0}^{N} a_i y(n-i) = \sum_{j=0}^{M} b_j x(n-j) \tag{13-1}$$

其中，$a_i (i=0,1,\cdots,N)$ 和 $b_j (j=0,1,\cdots,M)$ 为实常数。

MATLAB 中的函数 filter 可对式 13-1 的差分方程在指定时间范围内的输入序列所产生的响应进行求解。函数 filter 的语句格式为

```
y=filter(b,a,x)
```

其中，x 为输入的离散序列；y 为输出的离散序列；y 的长度与 x 的长度一样；b 与 a 分别为差分方程右端与左端的系数向量。

【实例 13-1】 已知某 LTI 系统的差分方程为

$$3y(n) - 4y(n-1) + 2y(n-2) = x(n) + 2x(n-1)$$

试用 MATLAB 命令绘出当激励信号为 $x(n)=(1/2)^n u(n)$ 时，该系统的零状态响应。

解：MATLAB 源程序为

```
>>a=[3 -4 2];
>>b=[1 2];
>>n=0:30;
>>x=(1/2).^n;
```

```
>>y=filter(b,a,x);
>>stem(n,y,'fill'),grid on
>>xlabel('n'),title('系统零状态响应 y(n)')
```

程序运行结果如图 13-1 所示。

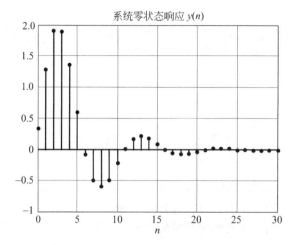

图 13-1　实例 13-1 系统的零状态响应

13.2.2　离散时间系统的单位取样响应

系统的单位取样响应定义为系统在 $\delta(n)$ 激励下系统的零状态响应,用 $h(n)$ 表示。MATLAB 求解单位取样响应可利用函数 filter,并将激励设为前面所定义的 impDT 函数。例如,求解实例 13-1 中系统的单位取样响应时,MATLAB 源程序为

```
>>a=[3 -4 2];
>>b=[1 2];
>>n=0:30;
>>x=impDT(n);
>>h=filter(b,a,x);
>>stem(n,h,'fill'),grid on
>>xlabel('n'),title('系统单位取样响应 h(n)')
```

程序运行结果如图 13-2 所示。

MATLAB 的另一种求单位取样响应的方法是利用控制系统工具箱提供的函数 impz 来实现。impz 函数的常用语句格式为

```
impz(b,a,N)
```

其中,参数 N 通常为正整数,代表计算单位取样响应的样值个数。

【实例 13-2】　已知某 LTI 系统的差分方程为

$$3y(n) - 4y(n-1) + 2y(n-2) = x(n) + 2x(n-1)$$

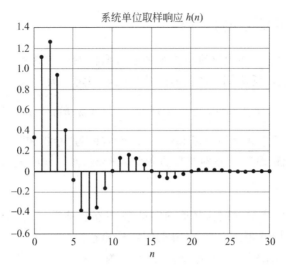

图 13-2　实例 13-1 的系统单位取样响应

利用 MATLAB 的 impz 函数绘出该系统的单位取样响应。

解：MATLAB 源程序为

```
>>a=[3 -4 2];
>>b=[1 2];
>>n=0:30;
>>impz(b,a,30),grid on
>>title('系统单位取样响应 h(n)')
```

程序运行结果如图 13-3 所示，比较图 13-2 和图 13-3，不难发现结果相同。

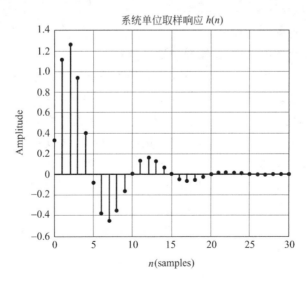

图 13-3　系统单位取样响应

13.2.3　离散时间信号的卷积和运算

由于系统的零状态响应是激励与系统的单位取样响应的卷积,因此卷积运算在离散时间信号处理领域被广泛应用。离散时间信号的卷积定义为

$$y(n) = x(n) * h(n) = \sum_{m=-\infty}^{\infty} x(m)h(n-m) \tag{13-2}$$

可见,离散时间信号的卷积运算是求和运算,因而常称为"卷积和"。

MATLAB 求离散时间信号卷积和的命令为 conv,其语句格式为

y=conv(x,h)

其中,x 与 h 表示离散时间信号值的向量;y 为卷积结果。用 MATLAB 进行卷积和运算时,无法实现无限的累加,只能计算时限信号的卷积。

例如,利用 MALAB 的 conv 命令求两个长为 4 的矩形序列的卷积和,即 $g(n) = [u(n)-u(n-4)] * [u(n)-u(n-4)]$,其结果应是长为 7(4+4−1=7)的三角序列。用向量[1 1 1 1]表示矩形序列,MATLAB 源程序为

```
>>x1=[1 1 1 1];
>>x2=[1 1 1 1];
>>g=conv(x1,x2)
g=
    1    2    3    4    3    2    1
```

如果要绘出图形,则利用 stem 命令,即

```
>>n=1：7;
>>stem(n,g,'fill'),grid on,xlabel('n')
```

程序运行结果如图 13-4 所示。

对于给定函数的卷积和,应计算卷积结果的起

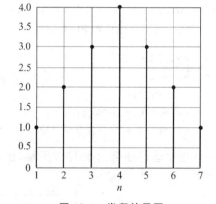

图 13-4　卷积结果图

始点及其长度。两个时限序列的卷积和长度一般等于两个序列长度的和减 1。

【实例 13-3】 已知某系统的单位取样响应为 $h(n) = 0.8^n[u(n)-u(n-8)]$,试用 MATLAB 求当激励信号为 $x(n) = u(n)-u(n-4)$ 时,系统的零状态响应。

解：在 MATLAB 中可通过卷积求解零状态响应,即 $x(n) * h(n)$。由题意可知,描述 $h(n)$ 向量的长度至少为 8,描述 $x(n)$ 向量的长度至少为 4,因此为了图形完整美观,将 $h(n)$ 向量和 $x(n)$ 向量加上一些附加的零值。MATLAB 源程序为

```
>>nx=-1：5;               %x(n)向量显示范围(添加了附加的零值)
>>nh=-2：10;              %h(n)向量显示范围(添加了附加的零值)
>>x=uDT(nx)-uDT(nx-4);
>>h=0.8.^nh.* (uDT(nh)-uDT(nh-8));
>>y=conv(x,h);
>>ny1=nx(1)+nh(1);        %卷积结果起始点
>>% 卷积结果长度为两序列长度之和减 1,即 0 到(length(nx)+length(nh)-2)
```

```
>>% 因此卷积结果的时间范围是将上述长度加上起始点的偏移值
>>ny=ny1+(0:(length(nx)+length(nh)-2));
>>subplot(311)
>>stem(nx,x,'fill'),grid on
>>xlabel('n'),title('x(n)')
>>axis([-4 16 0 3])
>>subplot(312)
>>stem(nh,h','fill'),grid on
>>xlabel('n'),title('h(n)')
>>axis([-4 16 0 3])
>>subplot(313)
>>stem(ny,y,'fill'),grid on
>>xlabel('n'),title('y(n)=x(n)*h(n)')
>>axis([-4 16 0 3])
```

程序运行结果如图 13-5 所示。

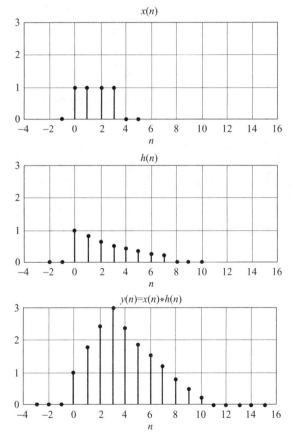

图 13-5　利用卷积和法求解系统的零状态响应

13.3 编程练习

1. 试用 MATLAB 命令求解以下离散时间系统的单位取样响应。

(1) $3y(n)+4y(n-1)+y(n-2)=x(n)+x(n-1)$

(2) $\dfrac{5}{2}y(n)+6y(n-1)+10y(n-2)=x(n)$

2. 已知某系统的单位取样响应为 $h(n)=\left(\dfrac{7}{8}\right)^{n}[u(n)-u(n-10)]$，试用 MATLAB 求当激励信号为 $x(n)=u(n)-u(n-5)$ 时，系统的零状态响应。

第 14 章

z 变换及离散时间 LTI 系统的 z 域分析

14.1 实 验 目 的

- 学会运用 MATLAB 求离散时间信号的 z 变换和 z 反变换；
- 学会运用 MATLAB 分析离散时间系统的系统函数的零极点；
- 学会运用 MATLAB 分析系统函数的零极点分布与其时域特性的关系；
- 学会运用 MATLAB 进行离散时间系统的频率特性分析。

14.2 实验原理及实例分析

14.2.1 z 正反变换

序列 $x(n)$ 的 z 变换定义为

$$X(z) = Z[x(n)] = \sum_{n=-\infty}^{\infty} x(n) z^{-n} \tag{14-1}$$

其中，符号 Z 表示取 z 变换，z 是复变量。相应地，单边 z 变换定义为

$$X(z) = Z[x(n)] = \sum_{n=0}^{\infty} x(n) z^{-n} \tag{14-2}$$

MATLAB 符号数学工具箱提供了计算离散时间信号单边 z 变换的函数 ztrans 和 z 反变换函数 iztrans，其语句格式分别为

```
Z=ztrans(x)
x=iztrans(z)
```

上式中的 x 和 Z 分别为时域表达式和 z 域表达式的符号表示，可通过 sym 函数来定义。

【实例 14-1】 试用 ztrans 函数求下列函数的 z 变换。

(1) $x(n) = a^n \cos(\pi n) u(n)$；　　　　(2) $x(n) = [2^{n-1} - (-2)^{n-1}] u(n)$。

解：(1) z 变换 MATLAB 源程序为

```
>>x=sym('a^n * cos(pi * n)');
```

```
>>Z=ztrans(x);
>>simplify(Z)
ans=
     z/(z+a)
```

(2) z 变换 MATLAB 源程序为

```
>>x=sym('2^(n-1)-(-2)^(n-1)');
>>Z=ztrans(x);
>>simplify(Z)
ans=
     z^2/(z-2)/(z+2)
```

【**实例 14-2**】 试用 iztrans 函数求下列函数的 z 反变换。

(1) $X(z) = \dfrac{8z-19}{z^2-5z+6}$ \qquad (2) $X(z) = \dfrac{z(2z^2-11z+12)}{(z-1)(z-2)^3}$

解：(1) z 反变换 MATLAB 源程序为

```
>>Z=sym('(8*z-19)/(z^2-5*z+6)');
>>x=iztrans(Z);
>>simplify(x)
ans=
     -19/6*charfcn[0](n)+5*3^(n-1)+3*2^(n-1)
```

其中，charfcn[0](n)是 $\delta(n)$ 函数在 MATLAB 符号工具箱中的表示，反变换后的函数形式为

$$x(n) = -\frac{19}{6}\delta(n) + (5 \times 3^{n-1} + 3 \times 2^{n-1})u(n)$$

(2) z 反变换 MATLAB 源程序为

```
>>Z=sym('z*(2*z^2-11*z+12)/(z-1)/(z-2)^3');
>>x=iztrans(Z);
>>simplify(x)
ans=
     -3+3*2^n-1/4*2^n*n-1/4*2^n*n^2
```

其函数形式为 $x(n) = \left(-3 + 3 \times 2^n - \dfrac{1}{4}n2^n - \dfrac{1}{4}n^2 2^n\right)u(n)$。

如果信号的 z 域表示式 $X(z)$ 是有理函数，则进行 z 反变换的另一个方法是对 $X(z)$ 进行部分分式展开，然后求各简单分式的 z 反变换。设 $X(z)$ 的有理分式表示为

$$X(z) = \frac{b_0 + b_1 z^{-1} + b_2 z^{-2} + \cdots + b_m z^{-m}}{1 + a_1 z^{-1} + a_2 z^{-2} + \cdots + a_n z^{-n}} = \frac{B(z)}{A(z)} \qquad (14\text{-}3)$$

MATLAB 信号处理工具箱提供了一个对 $X(z)$ 进行部分分式展开的函数 residuez，其语句格式为

```
[R,P,K]=residuez(B,A)
```

其中，B、A 分别表示 $X(z)$ 的分子与分母多项式的系数向量；R 为部分分式的系数向量；P 为极点向量；K 为多项式的系数。若 $X(z)$ 为有理真分式，则 K 为 0。

【实例 14-3】　试用 MATLAB 命令对函数 $X(z) = \dfrac{18}{18 + 3z^{-1} - 4z^{-2} - z^{-3}}$ 进行部分分式展开，并求出其 z 反变换。

解： MATLAB 源程序为

```
>>B=[18];
>>A=[18,3,-4,-1];
>>[R,P,K]=residuez(B,A)
R=
    0.3600
    0.2400
    0.4000
P=
    0.5000
   -0.3333
   -0.3333
K=
    []
```

从运行结果可知，$p_2 = p_3$，表示系统有一个二重极点。所以，$X(z)$ 的部分分式展开为

$$X(z) = \frac{0.36}{1 - 0.5z^{-1}} + \frac{0.24}{1 + 0.3333z^{-1}} + \frac{0.4}{(1 + 0.3333z^{-1})^2}$$

因此，其 z 反变换为

$$x(n) = [0.36 \times (0.5)^n + 0.24 \times (-0.3333)^n + 0.4(n+1)(-0.3333)^n]u(n)$$

14.2.2　系统函数的零极点分析

离散时间系统的系统函数定义为系统零状态响应的 z 变换与激励的 z 变换之比，即

$$H(z) = \frac{Y(z)}{X(z)} \tag{14-4}$$

如果系统函数 $H(z)$ 的有理函数表示式为

$$H(z) = \frac{b_1 z^m + b_2 z^{m-1} + \cdots + b_m z + b_{m+1}}{a_1 z^n + a_2 z^{n-1} + \cdots + a_n z + a_{n+1}} \tag{14-5}$$

那么，在 MATLAB 中系统函数的零极点就可通过函数 roots 得到，也可借助函数 tf2zp 得到，tf2zp 的语句格式为

```
[Z,P,K]=tf2zp(B,A)
```

其中，B 与 A 分别表示 $H(z)$ 的分子与分母多项式的系数向量。它的作用是将 $H(z)$ 的有理分式表示式转换为零极点增益形式，即

$$H(z) = k \frac{(z - z_1)(z - z_2) \cdots (z - z_m)}{(z - p_1)(z - p_2) \cdots (z - p_n)} \tag{14-6}$$

【实例 14-4】 已知一离散因果 LTI 系统的系统函数为

$$H(z) = \frac{z + 0.32}{z^2 + z + 0.16}$$

试用 MATLAB 命令求该系统的零极点。

解：用 tf2zp 函数求系统的零极点，MATLAB 源程序为

```
>>B=[1,0.32];
>>A=[1,1,0.16];
>>[R,P,K]=tf2zp(B,A)
R=
    -0.3200
P=
    -0.8000
    -0.2000
K=
     1
```

因此，零点为 $z = 0.32$，极点为 $p_1 = 0.8$ 和 $p_2 = 0.2$。

若要获得系统函数 $H(z)$ 的零极点分布图，可直接应用 zplane 函数，其语句格式为

```
zplane(B,A)
```

其中，B 与 A 分别表示 $H(z)$ 的分子和分母多项式的系数向量。它的作用是在 Z 平面上画出单位圆、零点与极点。

【实例 14-5】 已知一离散因果 LTI 系统的系统函数为

$$H(z) = \frac{z^2 - 0.36}{z^2 - 1.52z + 0.68}$$

试用 MATLAB 命令绘出该系统的零极点分布图。

解：用 zplane 函数求系统的零极点，MATLAB 源程序为

```
>>B=[1,0,-0.36];
>>A=[1,-1.52,0.68];
>>zplane(B,A),grid on
>>legend('零点','极点')
>>title('零极点分布图')
```

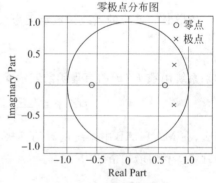
图 14-1　零极点分布图

程序运行结果如图 14-1 所示。可见，该因果系统的极点全部在单位圆内，故系统是稳定的。

14.2.3　系统函数的零极点分布与其时域特性的关系

与拉氏变换在连续系统中的作用类似，在离散系统中，z 变换建立了时域函数 $h(n)$

与 z 域函数 $H(z)$ 之间的对应关系。因此，z 变换的函数 $H(z)$ 从形式上可以反映 $h(n)$ 的部分内在性质。下面仍旧通过讨论 $H(z)$ 的一阶极点情况，来说明系统函数的零极点分布与系统时域特性的关系。

【实例 14-6】　试用 MATLAB 命令画出下列系统函数的零极点分布图以及对应的时域单位取样响应 $h(n)$ 的波形，并分析系统函数的极点对时域波形的影响。

(1) $H_1(z) = \dfrac{z}{z - 0.8}$　　　　　　(2) $H_2(z) = \dfrac{z}{z + 0.8}$

(3) $H_3(z) = \dfrac{z}{z^2 - 1.2z + 0.72}$　　(4) $H_4(z) = \dfrac{z}{z - 1}$

(5) $H_5(z) = \dfrac{z}{z^2 - 1.6z + 1}$　　(6) $H_6(s) = \dfrac{z}{z - 1.2}$

(7) $H_7(z) = \dfrac{z}{z^2 - 2z + 1.36}$

解： MATLAB 源程序为

```
>>b1=[1,0];
>>a1=[1,-0.8];
>>subplot(121)
>>zplane(b1,a1)
>>title('极点在单位圆内的正实数')
>>subplot(122)
>>impz(b1,a1,30);grid on;
>>figure
>>b2=[1,0];
>>a2=[1,0.8];
>>subplot(121)
>>zplane(b2,a2)
>>title('极点在单位圆内的负实数')
>>subplot(122)
>>impz(b2,a2,30);grid on;
>>figure
>>b3=[1,0];
>>a3=[1,-1.2,0.72];
>>subplot(121)
>>zplane(b3,a3)
>>title('极点在单位圆内的共轭复数')
>>subplot(122)
>>impz(b3,a3,30);grid on;
>>figure
>>b4=[1,0];
>>a4=[1,-1];
>>subplot(121)
>>zplane(b4,a4)
>>title('极点在单位圆上为实数 1')
```

```
>>subplot(122)
>>impz(b4,a4);grid on;
>>figure
>>b5=[1,0];
>>a5=[1,-1.6,1];
>>subplot(121)
>>zplane(b5,a5)
>>title('极点在单位圆上的共轭复数')
>>subplot(122)
>>impz(b5,a5,30);grid on;
>>figure
>>b6=[1,0];
>>a6=[1,-1.2];
>>subplot(121)
>>zplane(b6,a6)
>>title('极点在单位圆外的正实数')
>>subplot(122)
>>impz(b6,a6,30);grid on;
>>figure
>>b7=[1,0];
>>a7=[1,-2,1.36];
>>subplot(121)
>>zplane(b7,a7)
>>title('极点在单位圆外的共轭复数')
>>subplot(122)
>>impz(b7,a7,30);grid on;
```

程序运行结果分别如图 14-2 的 (a)、(b)、(c)、(d)、(e)、(f)、(g) 所示。

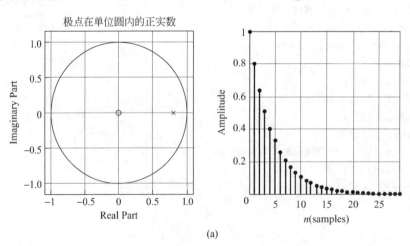

(a)

图 14-2　系统函数的零极点分布与其时域特性的关系

极点在单位圆内的负实数

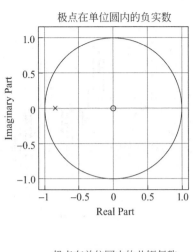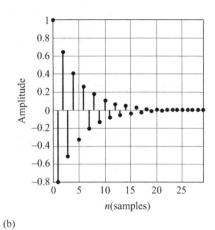

(b)

极点在单位圆内的共轭复数

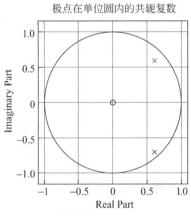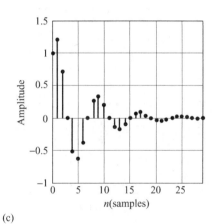

(c)

极点在单位圆上为实数 1

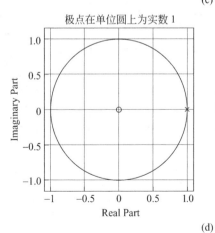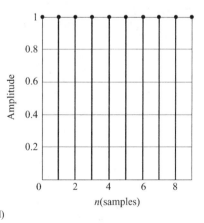

(d)

图 14-2（续）

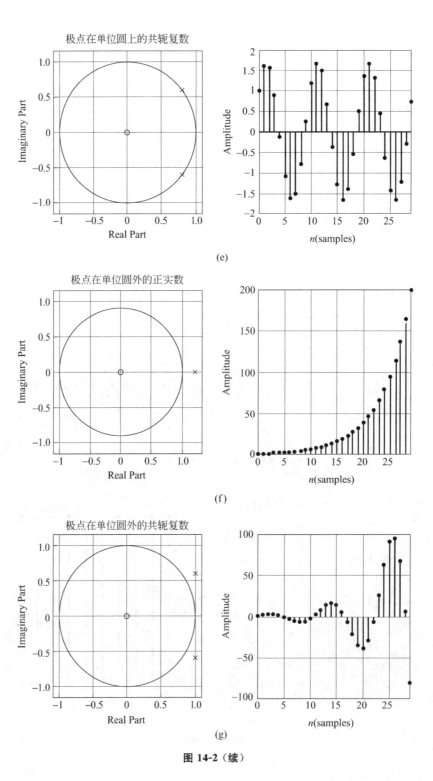

图 14-2（续）

从图 14-2 可知,当极点位于单位圆内时,$h(n)$ 为衰减序列;当极点位于单位圆上时,$h(n)$ 为等幅序列;当极点位于单位圆外时,$h(n)$ 为增幅序列。若 $h(n)$ 有一阶实数极点,则 $h(n)$ 为指数序列;若 $h(n)$ 有一阶共轭极点,则 $h(n)$ 为指数振荡序列;若 $h(n)$ 的极点位于虚轴左边,则 $h(n)$ 序列按一正一负的规律交替变化。

14.2.4　离散时间 LTI 系统的频率特性分析

对于因果稳定的离散时间系统,如果激励序列为正弦序列 $x(n) = A\sin(n\omega)u(n)$,则系统的稳态响应为 $y_{ss}(n) = A|H(e^{j\omega})|\sin[n\omega + \varphi(\omega)]u(n)$。其中,$H(e^{j\omega})$ 通常是复数。离散时间系统的频率响应定义为

$$H(e^{j\omega}) = |H(e^{j\omega})|e^{j\varphi(\omega)} \tag{14-7}$$

其中,$|H(e^{j\omega})|$ 称为离散时间系统的幅频特性;$\varphi(\omega)$ 称为离散时间系统的相频特性;$H(e^{j\omega})$ 是以 $\omega_s \left(\omega_s = \dfrac{2\pi}{T}, \text{若令 } T=1, \text{则 } \omega_s = 2\pi \right)$ 为周期的周期函数。因此,只要分析 $H(e^{j\omega})$ 在 $|\omega| \leqslant \pi$ 范围内的情况,便可知道系统的整个频率特性。

MATLAB 提供了求离散时间系统频响特性的函数 freqz,调用 freqz 的格式主要有两种形式。一种形式为

```
[H,w]=freqz(B,A,N)
```

其中,B 与 A 分别表示 $H(z)$ 的分子和分母多项式的系数向量;N 为正整数,默认值为 512;返回值 w 包含 $[0, \pi]$ 范围内的 N 个频率等分点;返回值 H 则是离散时间系统频率响应 $H(e^{j\omega})$ 在 $0 \sim \pi$ 范围内 N 个频率处的值。另一种形式为

```
[H,w]=freqz(B,A,N,'whole')
```

与第一种方式不同之处在于角频率的范围由 $[0, \pi]$ 扩展到了 $[0, 2\pi]$。

【实例 14-7】　用 MATLAB 命令绘制系统 $H(z) = \dfrac{z^2 - 0.96z + 0.9028}{z^2 - 1.56z + 0.8109}$ 的频率响应曲线。

解：利用函数 freqz 计算出 $H(e^{j\omega})$,然后利用函数 abs 和 angle 分别求出幅频特性与相频特性,最后利用 plot 命令绘出曲线。MATLAB 源程序为

```
>>b=[1 -0.96 0.9028];
>>a=[1 -1.56 0.8109];
>>[H,w]=freqz(b,a,400,'whole');
>>Hm=abs(H);
>>Hp=angle(H);
>>subplot(211)
>>plot(w,Hm),grid on
>>xlabel('\omega(rad/s)'),ylabel('幅度')
>>title('离散系统幅频特性曲线')
>>subplot(212)
>>plot(w,Hp),grid on
```

```
>>xlabel('\omega(rad/s)'),ylabel('相位')
>>title('离散系统相频特性曲线')
```

程序运行结果如图 14-3 所示。

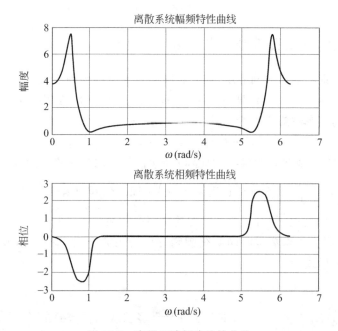

图 14-3 离散系统频响特性曲线

14.3 编程练习

1. 试用 MATLAB 的 residuez 函数，求出 $X(z)=\dfrac{2z^4+16z^3+44z^2+56z+32}{3z^4+3z^3-15z^2+18z-12}$ 的部分分式展开和。

2. 试用 MATLAB 画出下列因果系统的系统函数零极点分布图，并判断系统的稳定性。

(1) $H(z)=\dfrac{2z^2-1.6z-0.9}{z^3-2.5z^2+1.96z-0.48}$

(2) $H(z)=\dfrac{z-1}{z^4-0.9z^3-0.65z^2+0.873z}$

3. 试用 MATLAB 绘制系统 $H(z)=\dfrac{z^2}{z^2-\dfrac{3}{4}z+\dfrac{1}{8}}$ 的频率响应曲线。

第 15 章

系统的状态变量分析

15.1 实 验 目 的

- 学会运用 MATLAB 实现状态方程与系统函数之间的互换；
- 学会运用 MATLAB 在变换域求解状态方程与输出方程；
- 学会运用 MATLAB 在时域求解状态方程与输出方程；
- 学会运用 MATLAB 数值求解系统方程。

15.2 实 验 原 理 及 实 例 分 析

15.2.1 状态方程与系统函数之间的互换

连续时间系统的状态方程与输出方程用矩阵可表示为

$$\begin{cases} \dot{\lambda}(t) = A\lambda(t) + Bx(t) \\ y(t) = C\lambda(t) + Dx(t) \end{cases} \tag{15-1}$$

离散时间 LTI 系统的状态方程与输出方程用矩阵可表示为

$$\begin{cases} \lambda(n+1) = A\lambda(n) + Bx(n) \\ y(n) = C\lambda(n) + Dx(n) \end{cases} \tag{15-2}$$

MATLAB 控制系统工具箱提供了 ss2tf 和 tf2ss 两个函数，来实现系统的状态空间 (ss) 表示法和系统函数 (tf) 表示法之间的互换。tf2ss 函数是将一个系统的系统函数转化为状态空间表示法，其语句格式为

[A,B,C,D]=tf2ss(num,den)

其中，num 和 den 分别表示系统函数 $H(s)$ 或 $H(z)$ 的分子和分母多项式的系数，tf2ss 的调用返回值 A、B、C、D 分别为状态方程与输出方程的矩阵。

【实例 15-1】 已知某连续系统的系统函数为

$$H(s) = \frac{4s + 10}{s^3 + 8s^2 + 19s + 12}$$

试用 MATLAB 命令求该系统的状态方程与输出方程。

解：利用 tf2ss 函数求出矩阵，MATLAB 源程序为

```
>>[A,B,C,D]=tf2ss([4,10],[1,8,19,12])
A=
    -8   -19   -12
     1     0     0
     0     1     0
B=
     1
     0
     0
C=
     0     4    10
D=
     0
```

所以，系统状态方程与输出方程分别为

$$\begin{bmatrix} \dot{\lambda}_1(t) \\ \dot{\lambda}_2(t) \\ \dot{\lambda}_3(t) \end{bmatrix} = \begin{bmatrix} -8 & -19 & -12 \\ 1 & 0 & 0 \\ 0 & 1 & 0 \end{bmatrix} \begin{bmatrix} \lambda_1(t) \\ \lambda_2(t) \\ \lambda_3(t) \end{bmatrix} + \begin{bmatrix} 1 \\ 0 \\ 0 \end{bmatrix} x(t)$$

$$y(t) = \begin{bmatrix} 0 & 4 & 10 \end{bmatrix} \begin{bmatrix} \lambda_1(t) \\ \lambda_2(t) \\ \lambda_3(t) \end{bmatrix}$$

ss2tf 函数是将一个系统的状态空间表示法转化为系统函数，其语句格式为

```
[num,den]=ss2tf(A,B,C,D,iu)
```

其中，iu 表示第 i 个输入，当只有一个输入时可忽略。ss2tf 的调用返回值为 $H(s)$ 或 $H(z)$ 的分子多项式的系数矩阵 num 和分母多项式的系数矩阵 den，表示第 iu 个输入信号对输出 $y(t)$ 的传递函数。

【实例 15-2】 已知某离散时间系统的状态方程和输出方程分别为

$$\begin{bmatrix} \lambda_1(n+1) \\ \lambda_2(n+1) \end{bmatrix} = \begin{bmatrix} 0 & 1 \\ -3 & -4 \end{bmatrix} \begin{bmatrix} \lambda_1(n) \\ \lambda_2(n) \end{bmatrix} + \begin{bmatrix} 0 \\ 2 \end{bmatrix} x(n)$$

$$y(n) = \begin{bmatrix} -1 & -2 \end{bmatrix} \begin{bmatrix} \lambda_1(n) \\ \lambda_2(n) \end{bmatrix} + x(n)$$

试用 MATLAB 命令求该离散时间系统的系统函数 $H(z)$。

解：已知系统状态空间矩阵，利用 ss2tf 函数可求出系统函数 $H(z)$。由于是单输入，因此参数 iu 可省略。MATLAB 源程序为

```
>>A=[0 1;-3 -4];
>>B=[0;2];
>>C=[-1 2];
```

```
>>D=1;
>>[num,den]=ss2tf(A,B,C,D)
num=
    1.0000    8.0000    1.0000
den=
    1    4    3
>>Hz=tf(num,den,-1)            %写出离散时间系统的系统函数 H(z)
Transfer function:
z^2+8 z+1
----------------------------
z^2+4 z+3
```

即系统函数为 $H(z) = \dfrac{1 + 8z^{-1} + z^{-2}}{1 + 4z^{-1} + 3z^{-2}}$。

【实例 15-3】 一个多输入多输出系统,其状态方程和输出方程分别为

$$\begin{bmatrix} \dot{\lambda}_1(t) \\ \dot{\lambda}_2(t) \end{bmatrix} = \begin{bmatrix} 0 & 1 \\ -2 & -3 \end{bmatrix} \begin{bmatrix} \lambda_1(t) \\ \lambda_2(t) \end{bmatrix} + \begin{bmatrix} 1 & 0 \\ 1 & 1 \end{bmatrix} \begin{bmatrix} x_1(t) \\ x_2(t) \end{bmatrix}$$

$$\begin{bmatrix} y_1(t) \\ y_2(t) \\ y_3(t) \end{bmatrix} = \begin{bmatrix} 1 & 0 \\ 1 & 1 \\ 0 & 2 \end{bmatrix} \begin{bmatrix} \lambda_1(t) \\ \lambda_2(t) \end{bmatrix} + \begin{bmatrix} 0 & 0 \\ 1 & 0 \\ 0 & 1 \end{bmatrix} \begin{bmatrix} x_1(t) \\ x_2(t) \end{bmatrix}$$

试用 MATLAB 命令求该系统的系统函数。

解：由于是多输入多输出系统,所求系统函数是一个矩阵。因此,先分别用 ss2tf 函数求出对每个输入的传递函数,MATLAB 源程序为

```
>>A=[0,1;-2,-3];B=[1,0;1,1];
>>C=[1,0;1,1;0,2];D=[0,0;1,0;0,1];
>>[num1,den1]=ss2tf(A,B,C,D,1)
num1=
         0    1.0000    4.0000
    1.0000    5.0000    4.0000
         0    2.0000   -4.0000
den1=
    1    3    2
>>[num2,den2]=ss2tf(A,B,C,D,2)
num2=
         0    0.0000    1.0000
         0    1.0000    1.0000
    1.0000    5.0000    2.0000
den2=
    1    3    2
```

所以,系统函数为 $H(s) = \dfrac{1}{s^2+3s+2} \begin{bmatrix} s+4 & 1 \\ s^2+5s+4 & s+1 \\ 2s-4 & s^2+5s+2 \end{bmatrix}$。

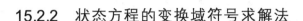

15.2.2　状态方程的变换域符号求解法

对连续系统而言,状态方程可通过拉普拉斯变换法求解。状态方程是一阶微分方程组,求解状态方程时必须知道状态在 $t=0_-$ 时刻的状态值。系统状态方程和输出方程可分别表示为

$$\begin{cases} \dot{\lambda}(t) = A\lambda(t) + Bx(t) \\ y(t) = C\lambda(t) + Dx(t) \\ \lambda(0_-) \end{cases} \tag{15-3}$$

对式 15-3 进行拉普拉斯变换,整理得

$$\Lambda(s) = (sI - A)^{-1}\lambda(0_-) + (sI - A)^{-1}BX(s) \tag{15-4}$$

式中 I 为单位矩阵,$\Lambda(s)$、$X(s)$ 分别为状态矢量 $\lambda(t)$ 和激励信号矢量 $x(t)$ 通过拉普拉斯变换所得到的。式 15-4 即为状态方程的拉普拉斯变换解。

将式 15-4 代入经过拉普拉斯变化后的输出方程,得

$$Y(s) = C(sI - A)^{-1}\lambda(0_-) + [C(sI - A)^{-1}B + D]X(s) \tag{15-5}$$

其中,$Y(s)$ 为输出信号矢量 $y(t)$ 的拉普拉斯变换。式 15-5 中的第一项对应系统零输入响应的拉普拉斯变换;第二项对应系统零状态响应的拉普拉斯变换。

定义矩阵

$$\Phi(s) = (sI - A)^{-1} \tag{15-6}$$

则系统函数矩阵为

$$H(s) = C(sI - A)^{-1}B + D = C\Phi(s)B + D \tag{15-7}$$

利用 MATLAB 强大的矩阵运算功能和符号运算功能,可以方便地求解系统方程。

【实例 15-4】 已知连续系统的状态方程和输出方程分别为

$$\begin{bmatrix} \dot{\lambda}_1(t) \\ \dot{\lambda}_2(t) \end{bmatrix} = \begin{bmatrix} -1 & -4 \\ 1 & -1 \end{bmatrix}\begin{bmatrix} \lambda_1(t) \\ \lambda_2(t) \end{bmatrix} + \begin{bmatrix} 0 & 1 \\ 1 & 0 \end{bmatrix}\begin{bmatrix} x_1(t) \\ x_2(t) \end{bmatrix}$$

$$\begin{bmatrix} y_1(t) \\ y_2(t) \end{bmatrix} = \begin{bmatrix} 1 & 1 \\ 0 & -1 \end{bmatrix}\begin{bmatrix} \lambda_1(t) \\ \lambda_2(t) \end{bmatrix} + \begin{bmatrix} 1 & 0 \\ 1 & 0 \end{bmatrix}\begin{bmatrix} x_1(t) \\ x_2(t) \end{bmatrix}$$

其初始状态和激励信号分别为

$$\begin{bmatrix} \lambda_1(0_-) \\ \lambda_2(0_-) \end{bmatrix} = \begin{bmatrix} 2 \\ 1 \end{bmatrix}$$

$$\begin{bmatrix} x_1(t) \\ x_2(t) \end{bmatrix} = \begin{bmatrix} u(t) \\ e^{-t}u(t) \end{bmatrix}$$

试用 MATLAB 命令求该系统的状态变量和输出响应。

解:利用式 15-4 和式 15-5 分别求系统的状态变量与输出响应。MATLAB 源程序为

```
>>clear
>>syms s
```

```
>>A=[-1,-4;1,-1];B=[0,1;1,0];
>>C=[1,1;0,-1];D=[1,0;1,0];
>>r0=[2;1];
>>X=[1/s;1/(s+1)];                          %激励信号的拉普拉斯变换
>>phis=inv(s*eye(2)-A);
>>rs=phis*(r0+B*X);                         %求状态变量的拉普拉斯变换
>>rs=simplify(rs)
rs=
            (2*s^2-s-4)/(s^2+2*s+5)/s
        (5*s^2+6*s+s^3+1)/(s^2+2*s+5)/(s+1)/s
>>rt=ilaplace(rs);                          %求状态变量时域解
>>rt=simplify(rt)
rt=
            -4/5+14/5*exp(-t)*cos(2*t)-11/10*exp(-t)*sin(2*t)
        1/4*exp(-t)+1/5+11/20*exp(-t)*cos(2*t)+7/5*exp(-t)*sin(2*t)
>>ys=C*phis*r0+[C*phis*B+D]*X;              %求输出响应的拉普拉斯变换
>>ys=simplify(ys)
ys=
            (4*s^3+9*s^2+8*s+2)/(s^2+2*s+5)/s/(s+1)
            -(2*s^2-s-4)/(s^2+2*s+5)/s/(s+1)
>>yt=ilaplace(ys);                          %求输出响应的时域解
>>yt=simplify(yt)
yt=
        2/5+1/4*exp(-t)+67/20*exp(-t)*cos(2*t)+3/10*exp(-t)*sin(2*t)
        4/5-1/4*exp(-t)-11/20*exp(-t)*cos(2*t)-7/5*exp(-t)*sin(2*t)
```

用 ilaplace 求拉普拉斯反变换时假设了信号是因果的,因此,状态变量的结果暗含着与单位阶跃信号相乘,即

$$
\begin{bmatrix} \lambda_1(t) \\ \lambda_2(t) \end{bmatrix} = \begin{bmatrix} -\dfrac{4}{5}u(t) + \mathrm{e}^{-t}\left(\dfrac{14}{5}\cos(2t) - \dfrac{11}{10}\sin(2t)\right)u(t) \\ \dfrac{1}{5}u(t) + \mathrm{e}^{-t}\left(\dfrac{1}{4} + \dfrac{11}{20}\cos(2t) + \dfrac{7}{5}\sin(2t)\right)u(t) \end{bmatrix}
$$

输出响应为

$$
\begin{bmatrix} y_1(t) \\ y_2(t) \end{bmatrix} = \begin{bmatrix} \dfrac{2}{5}u(t) + \mathrm{e}^{-t}\left(\dfrac{1}{4} + \dfrac{67}{20}\cos(2t) + \dfrac{3}{10}\sin(2t)\right)u(t) \\ \dfrac{4}{5}u(t) - \mathrm{e}^{-t}\left(\dfrac{1}{4} + \dfrac{11}{20}\cos(2t) + \dfrac{7}{5}\sin(2t)\right)u(t) \end{bmatrix}
$$

根据所得结果可画出输出响应波形,MATLAB 源程序为

```
>>t=0:0.01:4;
>>y1=2/5+1/4*exp(-t)+67/20*exp(-t).*cos(2*t)+3/10*exp(-t).*sin(2*t);
>>y2=4/5-1/4*exp(-t)-11/20*exp(-t).*cos(2*t)-7/5*exp(-t).*sin(2*t);
>>subplot(211)
>>plot(t,y1),grid on
```

```
>>ylabel('y1(t)'),xlabel('t')
>>subplot(212)
>>plot(t,y2),grid on
>>ylabel('y2(t)'),xlabel('t')
```

根据程序运行结果,绘出 $0 \leqslant t \leqslant 4$ 范围内输出响应的波形,如图 15-1 所示。

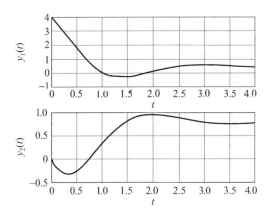

图 15-1　连续系统的输出响应

与连续系统类似,离散时间系统的状态方程和输出方程可描述为

$$\begin{cases} \lambda(n+1) = A\lambda(n) + Bx(n) \\ y(n) = C\lambda(n) + Dx(n) \\ \lambda(0) \end{cases} \tag{15-8}$$

离散时间系统状态方程可通过 z 变换法求解。对式 15-8 进行 z 变换,整理得

$$\Lambda(z) = (zI - A)^{-1} z\lambda(0) + (zI - A)^{-1} BX(z) \tag{15-9}$$

式中 I 为单位矩阵,$\Lambda(z)$、$X(z)$ 分别是状态矢量 $\lambda(n)$ 和激励信号矢量 $x(n)$ 的 z 变换。式 15-9 即为离散时间系统状态方程的 z 变换解。

将式 15-9 代入经过 z 变化后的输出方程,得

$$Y(z) = C(zI - A)^{-1} z\lambda(0) + [C(zI - A)^{-1} B + D]X(z) \tag{15-10}$$

其中,$Y(z)$ 是输出信号矢量 $y(n)$ 的 z 变换。式 15-10 中的第一项对应系统零输入响应的 z 变换;第二项对应系统零状态响应的 z 变换。所以,系统函数矩阵为

$$H(z) = C(zI - A)^{-1} B + D \tag{15-11}$$

【实例 15-5】 给定系统状态方程、输出方程、激励信号和系统的初始条件分别为

$$\begin{bmatrix} \lambda_1(n+1) \\ \lambda_2(n+1) \end{bmatrix} = \begin{bmatrix} 0 & 1 \\ -\dfrac{1}{6} & \dfrac{5}{6} \end{bmatrix} \begin{bmatrix} \lambda_1(n) \\ \lambda_2(n) \end{bmatrix} + \begin{bmatrix} 0 \\ 1 \end{bmatrix} x(n)$$

$$y(n) = \begin{bmatrix} -1 & 5 \end{bmatrix} \begin{bmatrix} \lambda_1(n) \\ \lambda_2(n) \end{bmatrix}$$

$$x(n) = u(n), \quad \begin{bmatrix} \lambda_1(0) \\ \lambda_2(0) \end{bmatrix} = \begin{bmatrix} 2 \\ 3 \end{bmatrix}$$

试用 MATLAB 命令求输出响应 $y(n)$。

解：利用式 15-10 求解系统的完全响应 $y(n)$，MATLAB 源程序为

```
>>syms z
>>A=[0,1;-1/6,5/6];B=[0;1];
>>C=[-1,5];D=0;
>>r0=[2;3];
>>X=z/(z-1);                        %激励信号的 z 变换
>>phiz=inv(z*eye(2)-A);
>>yz=C*phiz*z*r0+(C*phiz*B+D)*X;    %求输出响应的 z 变换
>>yz=simplify(yz)
yz=
    6*z*(13*z^2-11*z+2)/(6*z^2-5*z+1)/(z-1)
>>yn=iztrans(yz)                    %求输出响应的时域解
yn=
    3*(1/2)^n-2*(1/3)^n+12
```

同样，用 iztrans 函数求 z 反变换时假设了信号是因果的，因此，求得的结果暗含着与单位阶跃序列相乘，即输出响应为

$$y(n) = \left[3 \times \left(\frac{1}{2}\right)^n - 2 \times \left(\frac{1}{3}\right)^n + 12\right]u(n)$$

根据所得结果可画出输出响应序列的波形，MATLAB 源程序为

```
>>n=0:15;
>>yn=3*(1/2).^n-2*(1/3).^n+12;
>>stem(n,yn),grid on
>>xlabel('n'),ylabel('y(n)')
>>axis([0,15,11,14])
```

根据程序运行结果，绘出 $0 \leqslant n \leqslant 15$ 范围内该离散时间系统输出响应序列的波形，如图 15-2 所示。

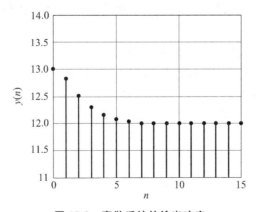

图 15-2 离散系统的输出响应

另外，通过式 15-7 与式 15-10 可方便地由系统方程的矩阵求得系统函数矩阵。例如，实例 15-3 的 MATLAB 源程序为

```
>>syms s
>>A=[0,1;-2,-3];B=[1,0;1,1];
>>C=[1,0;1,1;0,2];D=[0,0;1,0;0,1];
>>phis=inv(s*eye(2)-A);
>>Hs=(C*phis*B+D);
>>Hs=simplify(Hs)
Hs=
    [      (s+4)/(s^2+3*s+2),                1/(s^2+3*s+2)]
    [           (s+4)/(s+2),                      1/(s+2)]
    [2*(-2+s)/(s^2+3*s+2),   (5*s+s^2+2)/(s^2+3*s+2)]
```

比较实例 15-3，可知计算结果一样。

15.2.3　状态方程的时域符号求解法

时域法求解状态方程过程要用到矩阵指数函数 e^{At}，对式 15-3 所描述的连续时间系统，通过推导可得系统状态方程的解为

$$\lambda(t) = e^{At}\lambda(0_-) + e^{At}B * x(t) \qquad (15\text{-}12)$$

式 15-12 的解包含两部分，第一部分 $e^{At}\lambda(0_-)$ 是系统状态变量的零输入解；第二部分 $e^{At}B * x(t)$ 是系统状态变量的零起始状态解。

通过进一步推导还可得到系统的完全响应为

$$y(t) = Ce^{At}\lambda(0_-) + [Ce^{At}B + D\delta(t)] * x(t) \qquad (15\text{-}13)$$

其中，第一项为系统的零输入响应；第二项为系统的零状态响应。

从式 15-13 可知系统的冲激响应为

$$h(t) = Ce^{At}B + D\delta(t) \qquad (15\text{-}14)$$

根据以上结论，利用 MATLAB 可以完成时域求解状态方程和输出方程。MATLAB 符号工具箱提供了 expm 函数，可利用它来求矩阵指数函数 e^{At}。

【实例 15-6】　试用 MATLAB 时域求解法求实例 15-4 中连续时间系统的状态变量、冲激响应和输出响应。

解：先利用 expm 函数求出矩阵指数函数 e^{At}，然后分别求状态变量和输出响应的零输入解和零状态解。值得注意的是，在 MATLAB 环境中，由于符号工具箱没有提供符号卷积函数，因此，根据式 15-12 和式 15-13 的结果，求零状态解仍要采用变换域法来求解。例如，可以用两信号 s 域乘积的拉氏反变换来求时域的卷积。MATLAB 源程序为

```
>>syms t
>>A=[-1,-4;1,-1];B=[0,1;1,0];
>>C=[1,1;0,-1];D=[1,0;1,0];
>>x=[Heaviside(t);exp(-t)*Heaviside(t)];
>>r0=[2;1];
>>E=expm(t*A)                           %求解矩阵指数函数
E=
    [exp(-t)*cos(2*t),      -2*exp(-t)*sin(2*t)]
```

```
              [1/2 * exp(-t) * sin(2 * t),    exp(-t) * cos(2 * t)]
>>rzi=E * r0;                              %状态方程零输入解
>>rzs=ilaplace(laplace(E * B) * laplace(x));    %状态方程零状态解,利用 s 域乘法的
                                                 拉氏反变换求时域卷积
>>rt=simplify(rzi+rzs)                     %状态变量完全解
rt=
              14/5 * exp(-t) * cos(2 * t)-11/10 * exp(-t) * sin(2 * t)-4/5
     7/5 * exp(-t) * sin(2 * t)+11/20 * exp(-t) * cos(2 * t)+1/5+1/4 * exp(-t)
>>ht=C * E * B+D * Dirac(t)                %求冲激响应
ht=
     [-2 * exp(-t) * sin(2 * t)+exp(-t) * cos(2 * t)+dirac(t), exp(-t) * cos(2 * t)+
1/2 * exp(-t) * sin(2 * t) ]
     [          -exp(-t) * cos(2 * t)+dirac(t),          -1/2 * exp(-t) * sin(2 * t) ]
>>yzi=C * E * r0;                          %输出零输入解
>>yzs=ilaplace(laplace(ht) * laplace(x));    %输出零状态解,利用 s 域乘法的拉氏
                                              反变换求时域卷积
>>yt=simplify(yzi+yzs)                     %输出完全解
yt=
     67/20 * exp(-t) * cos(2 * t)+3/10 * exp(-t) * sin(2 * t)+2/5+1/4 * exp(-t)
     -7/5 * exp(-t) * sin(2 * t)-11/20 * exp(-t) * cos(2 * t)+4/5-1/4 * exp(-t)
```

比较实例 15-6 和实例 15-4,不难发现计算结果是相同的。

对于式 15-8 所描述的离散时间系统,也可以推导其状态方程的解,即为

$$\lambda(n) = A^n \lambda(0) + A^{n-1} u(n-1) * Bx(n) \tag{15-15}$$

则输出响应序列为

$$y(n) = CA^n \lambda(0) + [CA^{n-1}Bu(n-1) + D\delta(n)] * x(n) \tag{15-16}$$

其中,第一项为系统的零输入响应;第二项为系统的零状态响应。系统的单位取样响应为

$$h(n) = CA^{n-1}Bu(n-1) + D\delta(n) \tag{15-17}$$

A^n 的计算要利用式 $A^n = Z^{-1}[(I-z^{-1}A)^{-1}]$。由于 MATLAB 符号工具箱没有提供符号卷积函数,在求状态变量和输出响应序列的零状态解时也要采用 z 变换法来求解。与离散时间系统状态方程的 z 变换法相比较,不难发现,在 MATLAB 中离散时间系统状态方程的时域符号求解与变换域求解是统一的。

15.2.4　系统方程的数值求解法

当一个系统用状态空间表示法来表示时,可利用 MATLAB 的 lsim 函数求解系统的响应。连续时间系统 lsim 函数的语句格式为

```
y=lsim(sys,u,t,x0)
```

其中,sys 是由 sys=ss(A,B,C,D)获得的状态空间表示法所表示的连续系统模型;t 是由等距的时间采样点组成的时间向量;u 为描述输入信号的矩阵,其列数为输入的数目,其

第 i 行即输入信号在 $t(i)$ 时刻的值；$x0$ 为系统的初始状态，默认值为 0。

【实例 15-7】 试用 MATLAB 数值求解法求实例 15-4 中连续时间系统的输出响应。

解：利用 lsim 函数求解实例 15-4 的系统方程，MATLAB 源程序为

```
>>clear
>>t=0: 0.01: 4;
>>A=[-1,-4;1,-1];B=[0,1;1,0];
>>C=[1,1;0,-1];D=[1,0;1,0];
>>r0=[2;1];
>>f(:,1)=ones(length(t),1);          %第一个输入 u(t)在 t 上的样值的列向量
>>t(:,2)=exp(-t)';                    %第二个输入 exp(-t)在 t 上的样值的列向量
>>sys=ss(A,B,C,D);                    %获取连续系统模型
>>y=lsim(sys,f,t,r0);                 %数值求解系统模型
>>subplot(211)
>>plot(t,y(:,1)),grid on             %绘制第一个输出响应
>>xlabel('t'),ylabel('y1(t)')
>>subplot(212)
>>plot(t,y(:,2)),grid on             %绘制第二个输出响应
>>xlabel('t'),ylabel('y2(t)')
```

程序运行结果如图 15-3 所示，将其与图 15-1 比较不难发现所得结果一样。

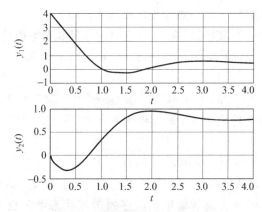

图 15-3 系统的输出响应数值求解

对离散时间系统而言，输入 u 的采样率应与系统本身的采样率相同，因此参数 t 就是冗余的，可以设为[]，即 empty 矩阵，因此 lsim 函数的语句格式为

```
y=lsim(sys,u,[],x0)
```

其中，sys 是由 sys = ss(A, B, C, D[]) 获得的状态空间表示法所表示的离散时间系统模型。

【实例 15-8】 试用 MATLAB 数值求解法求实例 15-5 中连续时间系统的输出响应。

解：MATLAB 源程序为

```
>>clear
```

```
>>N=15;
>>n=0: N;
>>A=[0,1;-1/6,5/6];B=[0;1];
>>C=[-1,5];D=0;
>>r0=[2;3];
>>u=ones(1,N+1);                %输入序列 u(n)
>>sys=ss(A,B,C,D,[ ]);          %获取离散时间系统模型
>>yn=lsim(sys,u,[ ],r0);
>>stem(n,yn,'filled'),grid on
>>xlabel('n'),ylabel('y(n)')
>>axis([0,15,11,14])
```

程序运行结果如图 15-4 所示,将其与图 15-2 比较不难发现所得结果一样。

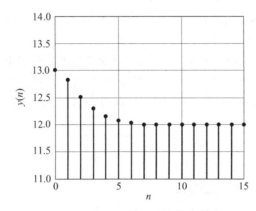

图 15-4　离散时间系统的输出响应

对于离散时间系统,还可直接利用式 15-8 递归求解系统方程的数值解。例如,可由以下的 MATLAB 程序实现实例 15-8,注意程序中的输入序列为 $u(n)$,在 $n \geqslant 0$ 时取值为 1。MATLAB 源程序为

```
>>A=[0,1;-1/6,5/6];B=[0;1];
>>C=[-1,5];D=0;
>>rn=[2;3];
>>for n=0: 15
    yn=C*rn;
    rnplus1=A*rn+B*1;            %状态变量递增 1
    rn=rnplus1;
    stem(n,yn,'filled'),hold on
end
>>grid on
>>xlabel('n'),ylabel('y(n)')
>>axis([0,15,11,14])
>>hold off
```

程序运行结果与图 15-4 一样。

15.3 编 程 练 习

1. 已知系统的状态方程、输出方程、激励信号和系统的起始状态分别为

$$\begin{bmatrix} \dot{\lambda}_1(t) \\ \dot{\lambda}_2(t) \end{bmatrix} = \begin{bmatrix} -3 & 1 \\ -2 & 0 \end{bmatrix} \begin{bmatrix} \lambda_1(t) \\ \lambda_2(t) \end{bmatrix} + \begin{bmatrix} 1 \\ 0 \end{bmatrix} u(t)$$

$$y(t) = \begin{bmatrix} 0 & 1 \end{bmatrix} \begin{bmatrix} \lambda_1(t) \\ \lambda_2(t) \end{bmatrix}$$

$$\begin{bmatrix} \lambda_1(0_-) \\ \lambda_2(0_-) \end{bmatrix} = \begin{bmatrix} 2 \\ 0 \end{bmatrix}$$

试用 MATLAB 变换域法求解系统的零输入响应和零状态响应及完全响应,并用 MATLAB 数值求解法求解,并将两结果进行比较。

2. 已知系统的状态方程、输出方程、激励信号和系统的初始条件分别为

$$\begin{bmatrix} \lambda_1(n+1) \\ \lambda_2(n+1) \end{bmatrix} = \begin{bmatrix} -1 & 3 \\ -2 & 4 \end{bmatrix} \begin{bmatrix} \lambda_1(n) \\ \lambda_2(n) \end{bmatrix} + \begin{bmatrix} 11 & 0 \\ 0 & 6 \end{bmatrix} \begin{bmatrix} x_1(n) \\ x_2(n) \end{bmatrix}$$

$$y(n) = \begin{bmatrix} 1 & -1 \end{bmatrix} \begin{bmatrix} \lambda_1(n) \\ \lambda_2(n) \end{bmatrix} + \begin{bmatrix} 0 & 1 \end{bmatrix} \begin{bmatrix} x_1(n) \\ x_2(n) \end{bmatrix}$$

$$\begin{bmatrix} x_1(n) \\ x_2(n) \end{bmatrix} = \begin{bmatrix} \delta(n) \\ u(n) \end{bmatrix}$$

$$\begin{bmatrix} \lambda_1(0) \\ \lambda_2(0) \end{bmatrix} = \begin{bmatrix} 2 \\ 3 \end{bmatrix}$$

试用 MATLAB 变换域法和 MATLAB 数值求解法求解输出响应 $y(n)$,并将两结果进行比较。

附录 A

MATLAB 主要命令函数表

命令、函数名称	功 能 说 明
＋	加
―	减
＊	矩阵乘法
．＊	数组乘法（点乘）
＾	矩阵幂
．＾	数组幂（点幂）
＼	左除或反斜杠
／	右除或斜杠
．／	数组除（点除）
％	注释
'	矩阵转置或引用
＝	赋值
＝＝	相等
＜＞	关系操作符
&	逻辑与
		逻辑或
～	逻辑非
xor	逻辑异或
：	规则间隔的向量
abs	求绝对值或复数求模
acos	反余弦函数
angle	求复数相角
ans	当前的答案（预定义变量）
asin	反正弦函数

续表

命令、函数名称	功　能　说　明
atan	反正切函数
axes	在任意位置上建立坐标系
axis	控制坐标系的刻度和形式
bar	条形图
bode	波特图（频域响应）
break	终止循环的执行
c2d	将连续时间系统转换为离散时间系统
c2dm	利用指定方法将连续时间系统转换为离散时间系统
caxis	控制伪彩色坐标刻度
cla	清除当前坐标系
clc	清除命令窗口
clear	清除工作空间变量
clf	清除当前图形
close	关闭图形
conj	求复数的共轭复数
conv	求多项式乘法，求离散序列卷积和
cos	余弦函数
d2c	变离散为连续系统
d2cm	利用指定方法将离散时间系统转换为连续时间系统
dbode	离散波特图
deconv	求多项式除法，解卷积
demo	运行演示程序
diag	建立和提取对角阵
diff	求导运算
disp	显示矩阵或文本信息
doc	装入超文本帮助说明
dsolve	求微分方程符号解
else	与 if 命令配合使用
elseif	与 if 命令配合使用
end	For,while 和 if 语句的结束
error	显示信息并终止函数的执行

续表

命令、函数名称	功　能　说　明
errorbar	误差条图
exp	指数
expm	矩阵指数
eye	单位矩阵
ezplot	符号函数二维作图
ezplot3	符号函数三维作图
fft	快速傅里叶变换
figure	建立图形
figure	建立图形窗口
fill	绘制二维多边形填充图
filter	求差分方程的数值解
fix	朝零方向取整
fliplr	矩阵作左右翻转
for	重复执行指定次数（循环）
format	设置输出格式
fourier	求符号傅里叶变换
freqs	求连续时间系统的频率响应
freqz	求离散时间系统的频率响应
function	增加新的函数
gca	获取当前坐标系的句柄
gcf	获取当前图形的句柄
global	定义全局变量
grid	画网格线
gtext	用鼠标放置文本
help	在命令窗口显示帮助文件
hold	保持当前图形
i,j	虚数单位（预定义变量）
if	条件执行语句
ifourier	求符号傅里叶反变换
ilaplace	求符号拉普拉斯反变换
imag	复数的虚部

续表

命令、函数名称	功　能　说　明
impulse	求单位冲激响应
impz	求单位取样响应
inf	无穷大（预定义变量）
initial	连续时间系统的零输入响应
input	提示用户输入
int	符号积分运算
inv	求矩阵的逆
iztrans	求符号 z 反变换
keyboard	像底稿文件一样使用键盘输入
laplace	求符号拉普拉斯变换
legend	设置图解注释
length	向量的长度
line	建立曲线
linespace	产生线性等分向量
lism	求系统响应的数值解
load	从磁盘文件中装载变量
log	自然对数
log10	常用对数
max	求最大值
min	求最小值
mod	模除后取余
nan	非数值（预定义变量）
ones	全 1 矩阵
path	控制 MATLAB 的搜索路径
pause	等待用户响应
phase	求相频特性
pi	圆周率（预定义变量）
plot	线性图形
pole	求极点
poly	将根值表示转换为多项式表示
pzmap	绘制零极点图

续表

命令、函数名称	功 能 说 明
quit	退出 MATLAB
rand	均匀分布的随机数矩阵
randn	正态分布的随机数矩阵
real	求复数的实部
rectplus	产生非周期矩形脉冲信号
residue	部分分式展开(留数计算)
residuez	z 变换的部分分式展开
return	返回引用的函数
roots	求多项式的根
rot90	矩阵旋转 90 度
round	朝最近的整数取整
save	保存工作空间变量
sawtooth	产生周期三角波
semilogx	半对数坐标图形(X 轴为对数坐标)
semilogy	半对数坐标图形(Y 轴为对数坐标)
simple	符号表达式化简
simplify	符号表达式化简
sin	正弦函数
sinc	抽样函数(Sa 函数)
sinh	双曲正弦函数
size	矩阵的尺寸
sqrt	求平方根
square	产生周期矩形脉冲
ss	建立状态空间模型
ss2tf	将状态空间表示转换为传递函数表示
ss2zp	将状态空间表示转换为零极点表示
stairs	阶梯图
stem	离散序列图或杆图
step	求单位阶跃响应
subplot	在标定位置上建立坐标系
subs	符号变量替换

命令、函数名称	功　能　说　明
sum	求和
surface	建立曲面
sym	定义符号表达式
syms	定义符号变量
tan	正切函数
text	文本注释
tf	建立传输函数模型
tf2ss	将传递函数表示转换为状态空间表示
tf2zp	将传递函数表示转换为零极点表示
title	图形标题
triplus	产生非周期三角波
while	重复执行不定次数(循环)
who	列出工作空间变量
whos	列出工作空间变量的详细资料
xlabel	X 轴标记
ylabel	Y 轴标记
zero	求零点
zeros	零矩阵
zp2ss	将零极点表示转换为状态空间表示
zp2tf	将零极点表示转换为传递函数表示
zplane	绘制离散时间系统的零极点图
ztrans	求符号 z 变换